UMA BREVE HISTÓRIA DO INFINITO

CB131856

CIÊNCIA E CULTURA

Consultor:
Henrique Lins de Barros
Pesquisador-titular do Museu de Astronomia e Ciências Afins / CNPq

ENTRE O CRISTAL E A FUMAÇA
Ensaio sobre a organização do ser vivo
Henri Atlan

TEORIAS DE TUDO
A busca da explicação final
John D. Barrow

A CAIXA PRETA DE DARWIN
O desafio da bioquímica à teoria da evolução
Michael Behe

CONVITE À FÍSICA
Yoav Ben-Dov

HISTÓRIA NATURAL DO HOMEM
O homem imprevisto
André Bourguignon

GIGANTES DA FÍSICA
Uma história da física moderna através de oito biografias
Richard Brennan

A ESCURIDÃO DA NOITE
Um enigma do universo
Edward Harrison

INTELIGÊNCIAS EXTRATERRESTRES
Jean Heidmann

A REVOLUÇÃO CIENTÍFICA
E as origens da ciência moderna
John Henry

AS ORIGENS DE NOSSO UNIVERSO
Malcolm S. Longair

VÍRUS E HOMENS
AIDS: seus mecanismos e tratamentos
Luc Montagnier

UMA BREVE HISTÓRIA DO INFINITO
Richard Morris

OS GRANDES EXPERIMENTOS CIENTÍFICOS
Michel Rival

A UNIFICAÇÃO DAS FORÇAS FUNDAMENTAIS
O grande desafio da física contemporânea
Abdus Salam et al.

SERÁ QUE DEUS JOGA DADOS?
A nova matemática do caos
Ian Stewart

DE ARQUIMEDES A EINSTEIN
A face oculta da invenção científica
Pierre Thuillier

O TEMPO NA HISTÓRIA
Concepções do tempo da pré-história aos nossos dias
G.J. Whitrow

PROJETO GENOMA HUMANO
Um conhecimento perigoso
Tom Wilkie

Richard Morris

Uma breve história do infinito

Dos paradoxos de Zenão ao universo quântico

Tradução:
Maria Luiza X. de A. Borges

Revisão técnica:
Henrique Lins de Barros
Doutor em física e diretor do Museu de Astronomia e de Ciências Afins, MAST/CNPq

Jorge Zahar Editor
Rio de Janeiro

Título original:
Achilles in the Quantum Universe:
The Definitive History of Infinity

Tradução autorizada da primeira edição norte-americana
publicada em 1997 por Henry Holt and Company
de Nova York, Estados Unidos

Copyright © 1997, Richard Morris

Copyright © 1998 da edição em língua portuguesa:
Jorge Zahar Editor Ltda.
rua México 31 sobreloja
20031-144 Rio de Janeiro, RJ
tel.: (021) 240-0226 / fax: (021) 262-5123

Todos os direitos reservados.
A reprodução não-autorizada desta publicação, no todo
ou em parte, constitui violação do copyright. (Lei 5.988)

Capa: Carol Sá
Ilustração: Marcelo Torrico

CIP-Brasil. Catalogação-na-fonte
Sindicato Nacional dos Editores de Livros, RJ.

Morris, Richard
M858b Uma breve história do infinito: dos paradoxos de Zenão ao universo quântico / Richard Morris; tradução Maria Luiza X. de A. Borges; revisão técnica Henrique Lins de Barros. — Rio de Janeiro: Jorge Zahar Ed., 1998
(Coleção Ciência & cultura)

ISBN 85-7110-477-8

1. Infinito. 2. Física quântica. I. Título. II. Série.

CDD 500
98-1636 CDU 50

Sumário

Apresentação

O céu que vemos hoje não é muito diferente daquele visto pelos babilônios há mais de quatro mil anos. Uma variação da posição de algumas estrelas causaram mudanças nas formas de constelações — certamente uma mudança de visibilidade devido ao dramático aumento de poluição atmosférica verificado no último século, mas, para um leigo, a alteração da localização de objetos celestes não despertaria muita atenção. Enfim, são as mesmas estrelas, salvo uma ou outra que desapareceu ou que surgiu durante esse extenso período, os mesmos planetas visíveis a olho nu, o mesmo movimento lento e cadenciado a que já estamos habituados e a mesma seqüência de fenômenos: todos os dias o Sol aparece a leste e se põe a oeste; a Lua apresenta uma variação de período próximo a um mês: ora a vemos brilhante no céu noturno, ora não a vemos; suas fases repetem a mesma seqüência. Mas o homem de hoje entenderá esse mesmo céu de forma totalmente diversa. Se antes a abóbada celeste era o símbolo da permanência, hoje ela representa o *locus* das maiores transformações que podemos imaginar.

Se antes o céu podia até transmitir uma certa imagem de segurança — pois sua imutabilidade era certeza de constância somente alterada pelo surgimento de estranhos fenômenos, como o aparecimento de um cometa ou de uma nova estrela —, hoje esse mesmo céu é objeto das mais avançadas pesquisas e, em menos de dez anos, a visão e as interpretações dos fenômenos menos observados mudaram completamente. O céu é atualmente entendido como uma espécie de laboratório natural onde os fenômenos que envolvem a maior quantidade de energia conhecida ocorrem com freqüência. Enfim, aquele céu envolvente e imutável que caracterizou a visão do mundo desde tempos imemoriais até o início de nosso século não tem mais lugar no pensamento científico. É interessante notar que é no espaço que encontraremos a junção das várias correntes da ciência contemporânea: as dimensões colossais, as distâncias indescritíveis, os tempos mais longínquos estão nesse espaço, do qual o homem só pode ver uma pequena fração. A vida é um tema que passa a ser tratado de forma recorrente pelo pesquisador que se preocupa com a evolução de objetos celestes: ela deixa de ser um tema terrestre — da biologia, que cresceu rapidamente após os trabalhos de Darwin — para se tornar uma questão cosmológica, pois, afinal, será que só a Terra foi agraciada com ela?

Por outro lado, as menores entidades conhecidas ou concebidas — como os elétrons, os quarks e todas as famílias de partículas elementares — são as protagonistas dessa história que não sabemos se teve um começo ou terá um fim. Só poderemos ter a certeza de que ao *Homo sapiens* não será dada a possibilidade de presenciar o desenrolar do drama, pois a ele ficou atribuída a tarefa de desvendar esse mistério a partir de um conhecimento por ele mesmo inventado. E aqui talvez resida a questão essencial: para compreender esse universo que conhecemos muito mal, o homem inventou não só uma linguagem, mas, ao mesmo tempo, entidades que passaram a ser tratadas como reais.

Essa construção teórica que norteia o experimento introduz conceitos e com eles trabalha. E, nesse jogo em que a lógica matemática tem um papel importante, a noção de infinito parece onipresente. Por mais que se evite, ela aparece aqui ou ali — e é fundamental tê-la em mente.

Em cada época se fez necessário construir uma interpretação do céu, criar uma história que permitisse compreender o que era observado. O cosmo da Europa medieval, hierarquizado, organizado segundo critério bem aceitos, algo aconchegante pois imutável e fechado, foi uma construção útil para se compreender a realidade. Nele estava escrito, de forma simbólica e que exigia uma cuidadosa decifração, os segredos da natureza. As observações realizadas mostravam a existência de um significado e encontravam um paralelo com a vida cotidiana.

O Renascimento, e mesmo antes, trouxe a urgência de uma reformulação dessa interpretação e, com o surgimento da chamada ciência moderna,[1] — realizada principalmente a partir das observações e

1 Ver, por exemplo, *A revolução científica*, de John Henry, Rio de Janeiro, Jorge Zahar, Coleção Ciência e Cultura, 1998.

reflexões de Galileu e do trabalho monumental de Newton — a idéia de um cosmo fechado não teve mais lugar no pensamento. Substituído por um universo aberto, a questão de sua finitude foi logo assunto de debate. A ciência que se inaugurou no século XVII teve um crescimento rápido mas não linear: várias correntes se contrapunham e davam contribuições. Mas a idéia básica de um universo cuja permanência estava garantida persistiu até meados do nosso século, só sendo derrubada, lentamente e com muita relutância, após os trabalhos de Einstein e Lemaître.

A década de 1920 viu, dessa forma, não apenas surgir a idéia de um universo em permanente transformação, mas também as primeiras observações de outras galáxias, realizadas por Hubble, e, a partir das contribuições de Louis de Broglie, Heisenberg e Schrödinger, o surgimento da mecânica quântica — uma nova mecânica na época ainda pouco compreendida. Com a nova física, o átomo se apresentou como uma entidade complexa. Mas não foi só isso. Foi também na década de 20 que as primeiras hipóteses bem trabalhadas sobre a origem da vida surgiram, com as contribuições de Haldane e Oparin e a idéia de que a vida, para ter uma persistência, depende de um centro que armazene a informação hereditária contida no interior de cada célula: uma idéia precursora da descoberta do DNA. O que parecia resolvido em fins do século XIX adentra o nosso século mostrando a fragilidade e a força do pensamento científico: a natureza é mais complexa do que se imaginava, e pequenos detalhes mal-explicados — as duas nuvens que obscureciam o céu da física clássica, como diria Lord Kelvin — formaram a base das teorias quântica e relativística.

Hoje está aceita a idéia de que nada no universo tem uma permanência temporal. Tudo tem uma história. Seres vivos, estrelas, galáxias estão em constante transformação sem que se conheçam com segurança os caminhos futuros. Os recentes resultados, sejam eles experimentais ou teóricos, apontam para uma nova ciência que guardará, sem dúvida, aspectos comuns com a atual, mas que terá outra proposta. Uma nova ciência, como tem acontecido desde que a ciência moderna se estabeleceu.

Em todas as épocas a idéia de um infinito parece ter perseguido e desafiado o poder de compreensão do homem. Embora inevitável, uma vez que se impunha e se impõe, o infinito, seja ele relacionado com o infinitamente grande ou com o infinitamente pequeno, parece criar um problema cuja solução está longe de ser encontrada. Pensar no infinito não como uma figura de linguagem, mas como algo relacionado com a realidade, não é simples e nos leva a conclusões muitas vezes inaceitáveis e a outras que nos causam complexidade, pois pensar no infinito é pensar no incomensurável dentro de um corpo de conhecimento que se baseia na capacidade de medir.

Matematicamente, o infinito aparece: existe um número infinito de pontos entre dois pontos quaisquer de uma linha, assim como existe uma infinidade de números compreendidos entre dois números inteiros — aliás, o próprio conjunto de números inteiros é infinito. Mas será possível pensar numa realidade infinita? Numa realidade que tenha uma complexidade infinita ou um número infinito de elementos? A história do infinito, ou seja, a história dos conceitos do infinito, não é uma história da matemática. É antes uma história da evolução do pensamento científico e de como é possível se pensar em algo que transcende qualquer possibilidade de compreensão.

Por que então pensar no infinito se as dificuldades são tão grandes e a impossibilidade de o medirmos lhe é inerente? Porque o infinito parece se impor na construção do raciocínio. Não há escapatória. Por mais que se evite abordá-lo ele aparece, e é uma exigência imposta a nós aceitá-lo.

Richard Morris, partindo de exemplos muito simples, vai construindo e apresentando as idéias mais recentes relacionadas com a compreensão do universo. Buracos negros, buracos de minhoca, o *big bang* ou o *big crunch* aparecem quase como decorrência natural e inevitável, desde que se aceite pensar sem preconceitos. Descrevendo os trabalhos de pesquisadores, abordando as questões que hoje são polêmicas, lembrando alguns experimentos que foram cruciais,[2] Morris mostra como é possível se discutir as possibilidades de uma viagem no tempo ou da existência de uma infinidade de universos paralelos. Temas que, em geral, acabam sendo tratados na ficção mas que têm, por trás, uma reflexão de pesquisadores sérios.

O céu como hoje o vemos é completamente diverso daquele interpretado pelos babilônios há mais de quatro mil anos. Não que ele tenha se alterado tão profundamente. Alterou-se, sim, nossa compreensão.

---

2 Ver, por exemplo, *Os grandes experimentos científicos*, de Michel Rival, Rio de Janeiro, Jorge Zahar, Coleção Ciência e Cultura, 1997.

Prefácio

Assim que comecei a traçar um esquema para este livro, percebi que grande parte dele envolveria tópicos da física e da cosmologia contemporâneas. À medida que procuraram compreender a origem do universo e a natureza da realidade física, os cientistas que trabalham nesses campos encontraram o infinito vezes sem conta. Mal começara a revolução que marcou a física no início do século XX, os cientistas se viram confrontados com o infinito. Isso criou problemas desconcertantes que foi preciso resolver antes que novos avanços fossem possíveis. Problemas semelhantes surgiram muitas e muitas vezes. Os cientistas encontraram o infinito na mecânica quântica, nas teorias da relatividade de Einstein e nas teorias sobre os buracos negros. Por exemplo, se a teoria geral da relatividade de Einstein estiver correta, a matéria no centro do buraco negro está comprimida num ponto matemático, sendo infinitamente densa.

Os cosmólogos constataram que os filósofos da Antigüidade que especulavam sobre a existência de um número infinito de mundos eram excessivamente parcimoniosos. Descobertas feitas no novo campo da cosmologia quântica parecem sugerir que pode existir um número infinito de universos, muitos deles bastante parecidos com o nosso. Podem ser habitados por seres bastante parecidos conosco. Alguns universos podem diferir do nosso apenas em pequenos detalhes. Nestes últimos anos, os "universos alternativos" da ficção científica tornaram-se parte da especulação científica séria.

Mas este não é apenas um livro sobre física moderna. É um livro que conta a história das tentativas que se fizeram para apreender a idéia de "infinidade" desde a Antigüidade até o presente. À medida que conto a história, deverá ficar patente que o infinito é hoje algo tão desconcertante quanto no tempo de Aristóteles. A única diferença real é que, ao perscrutar profundamente a natureza de nosso universo, os cientistas vislumbraram o infinito por processos que os antigos gregos nunca teriam podido imaginar.

Falo pouco neste livro sobre a matemática da infinidade. Escreveram-se muitos livros sobre esse assunto e o conceito de infinidade como entidade matemática abstrata é bastante bem compreendido. Mas essas teorias não têm nenhuma aplicação nas ciências físicas. Quando confrontado com o mundo real, o infinito se torna algo de misterioso e alusivo. Em tais casos, teorias matemáticas de pouco adiantam.

Embora certos filósofos mais antigos tenham falado de uma infinidade de mundos, o primeiro a examinar o conceito do infinito em detalhe foi o filósofo grego Zenão. Numa famosa série de paradoxos, ele afirmou ser capaz de demonstrar que o movimento era impossível porque nunca se poderia completar uma série infinita de atos. Por exemplo, antes de poder percorrer determinada distância, tinha-se primeiro de percorrer a metade dela, e depois metade da distância que restava, depois metade desta, e assim por diante. Sendo a série interminável, era impossível chegar ao objetivo.

À primeira vista, os paradoxos de Zenão parecem triviais. Alguns filósofos modernos acreditam, contudo, que eles suscitam questões que ainda não foram resolvidas. Embora dêem a impressão de serem simples, são imensuravelmente profundos. Mas um prefácio não é lugar para discuti-los em detalhe; por ora, quero assinalar apenas que a infinidade apareceu pela primeira vez como um problema enigmático há mais de dois mil anos.

O infinito continuava tão enigmático como sempre quando Galileu o equiparou ao "incompreensível". Ele deu exemplos das propriedades paradoxais dos números infinitos e admitiu que não os compreendia. Estranhamente, porém, pensava que o universo era infinito em extensão. Galileu, aquele que deu origem à revolução científica que se prolongou até o nosso tempo, pensava que o universo era algo que não podia ser compreendido.

Galileu não foi o único cientista a se ver às voltas com o infinito. Muitos cientistas, de Isaac Newton ao físico britânico Stephen Hawking, tiveram de se haver com o infinito de uma forma ou de outra. Newton descobriu que tinha de tratar do infinitamente pequeno para poder resolver problemas surgidos no contexto da teoria da gravitação. Nunca foi capaz, porém, de explicar o que era exatamente o infinitamente pequeno. Na realidade, dois séculos se passariam antes que o problema fosse finalmente resolvido.

Em nossos dias, Stephen Hawking desenvolveu um conceito que chama de "tempo imaginário", no intuito de evitar as infinidades que, de outro modo, estariam presentes no início e no fim do tempo. Segundo Hawking, a idéia de que o espaço estava infinitamente comprimido no começo do *big bang* pode ser evitada, e ele postula que, sob certas condições, o tempo pode assumir o caráter de uma dimensão espacial. Se pode, prossegue ele, então o universo não teve começo. Tampouco havia três dimensões de espaço e uma de tempo, como há hoje. No início não havia tempo, somente quatro dimensões espaciais.

O infinito se manifesta também na literatura e na filosofia. Até hoje encontramos a idéia, proposta pelos filósofos estóicos da Antigüidade, de que o universo está destinado a atravessar um número infinito de ciclos, de que os mesmos eventos se repetirão um número infinito de vezes. Certos escritores, como Jorge Luis Borges, viram-se fascinados pelo conceito. Em um de seus ensaios, Borges sugeriu que os confrontos com a infinidade nos convencem da "natureza alucinatória do mundo". O infinito, diz ele, nos põe em contato com o tipo de "desrazão" que nos convence de que o mundo tal como o percebemos não pode ser real.

É fácil compartilhar as idéias de Borges. Muitas vezes vemos cientistas modernos deparando-se com problemas muito semelhantes àqueles encontrados pelos filósofos antigos que tentaram enfrentar o infinito. O que se constata é que, embora a frente de batalha tenha se deslocado, a "infinidade" continua tão misteriosa como sempre. Podemos discordar da afirmação de Borges de que o mundo tem "uma natureza alucinatória"; ainda assim, todo aquele que contemple o infinito defronta-se inevitavelmente com idéias que têm precisamente essa qualidade.

No geral, evitei aqui discussões prolongadas de doutrinas filosóficas e de literatura. Este livro não é um estudo do pensamento filosófico. Nem uma obra de crítica literária. Ao contrário, é a exposição de uma luta milenar, muitas vezes dramática, para enfrentar e desvendar o infinito. É verdade que os primeiros capítulos fazem referência a alguns filósofos — afinal, na Antigüidade, foram eles que se empenharam para compreender a natureza do universo. Como em nossos dias esse é com mais freqüência um empreendimento científico, pus forte ênfase sobre a ciência na segunda parte do livro.

Descrevi os eventos que compõem a história da infinidade em ordem cronológica. O Capítulo 1 é uma exceção; eu o acrescentei para introduzir o leitor a alguns dos paradoxos associados ao conceito de infinidade. No interesse da abrangência, incluí também nesse capítulo uma breve discussão das concepções de infinidade dos matemáticos.

1

A NATUREZA PARADOXAL DA INFINIDADE

Um jogador de beisebol morre e vai para o céu. Como não há nada de que goste tanto quanto de jogar beisebol, Deus ordena que lhe seja permitido jogar todos os dias por toda a eternidade. Em outras palavras, ele poderá jogar um número infinito de jogos. Além disso, fica estabelecido que toda décima bastonada será um *home run*. "George Herman", diz Deus (que gosta de chamar as pessoas pelo primeiro e o segundo nomes), "você vai ter um número infinito de batidas e um número infinito de *homers*."

Deus não está querendo dizer que esse jogador pode esperar bater um *home run* depois de cada série de nove *singles, doubles* e *triples*. Isso acabaria com toda a emoção. De vez em quando George Herman vai dar 20 ou até 30 bastonadas antes de bater uma fora do campo. Em outras ocasiões, vai bater vários *homers* consecutivos num turno de defesa. No fim das contas, à medida que acumula batidas, a razão ficará cada vez mais próxima de exatamente um em dez.

Acontece que um número infinito de jogos é um bocado. É óbvio que vão exigir um suprimento infinito de bolas de beisebol. Como não quer ter o incômodo de ter de operar milagres constantemente para criá-las, Deus dá a cada time um caixote de madeira de características indefinidas contendo um número infinito de bolas. Obviamente, o abastecimento nunca pode se esgotar. Por mais vezes que se subtraia um da infinidade, restará um número infinito.

George Herman é um ótimo batedor. Um dos lançadores do time, porém, está longe de ser assim tão bom. Na verdade, foi determinado que, embora vá ter um grande número de batedores para tirar de jogo, ele próprio terminará a infinitivamente longa temporada com um resultado, ou *batting average,* zero. Um dia, para surpresa geral, o lançador fez dois *base hits*. A princípio, ninguém consegue compreender como isso é possível. Afinal de contas, é inconcebível que Deus minta para os Seus jogadores. No entanto, um dos outros jogadores, um tal de Yogi, que é uma espécie de filósofo, logo atina uma explicação. Se conseguir apenas um número finito de *hits* numa série infinita de jogos, o lançador irá realmente terminar com uma *batting average* de ,000. Quando se divide qualquer número pela infinidade, diz Yogi, o resultado é sempre o mesmo. Dois divididos pela infinidade é zero. Se dividir dois mil ou dois milhões, ou mesmo dois trilhões pela infinidade, o resultado continuará sendo zero. "A coisa não acaba nunca", ele acrescenta. Nem todos os jogadores se deixam convencer por sua análise. "Como se pode dividir um número pela infinidade?", murmura um deles.

Naturalmente, o time de George Herman joga metade de seus jogos em turnês. E é claro que, quando viajam, os jogadores precisam de um hotel em que se hospedar. Nunca se dão ao trabalho de fazer reservas antecipadas — no céu, todos os hotéis têm um número infinito de quartos.

Um dia, porém, o time chega a mais uma cidade celeste e descobre que o hotel está lotado. Já há um número infinito de hóspedes. A princípio parece que será preciso procurar outras acomodações, mas o arcanjo que gerencia o hotel se apressa em assegurar ao time que isso será desnecessário. É verdade, o hotel está lotado, apesar disso não haverá problema em conseguir um quarto para cada jogador. O arcanjo pergunta quantos quartos deve providenciar e é informado de que, contando jogadores, treinadores, e assim por diante, são necessários 40 quartos ao todo. O gerente faz então um pequeno artifício. Transfere o hóspede que ocupa o quarto número 1 para o de número 41. Muda o ocupante do número 2 para o número 42, e assim por diante. Feito isto, passa a haver 40 quartos disponíveis. Ademais, ninguém foi posto para fora. Todos os que ocupavam um quarto anteriormente foram simplesmente transferidos para outro de número mais alto. A mulher que ocupava o quarto 41, por exemplo, agora está no 81.

"Foi fácil", disse o arcanjo com seus botões depois que todos os jogadores de beisebol haviam recebido as chaves de seus quartos. "Se fosse preciso, eu teria podido acomodar um número infinito de novos hóspedes." E era verdade. Teria podido transferir o hóspede do quarto 1 para o quarto 2, removendo ao mesmo tempo o hóspede do quarto 2 para o quarto 4, o hóspede do quarto 3 para o quarto 6, e assim por diante. Isso teria esvaziado todos os quartos de número impar — e, é claro, havia um número infinito deles.

Ao que parece, os números infinitos — se é que podem realmente ser chamados de números — são entidades paradoxais. Você tem todo o direito de perguntar se tem sentido imaginar uma temporada de beisebol de duração infinita, ou falar de um hotel com um número infinito de quartos, já que tais coisas simplesmente não existem no mundo real. Mas antes que eu tente tratar dessa questão, vamos considerar uma outra propriedade paradoxal dos números infinitos.

É fácil demonstrar que, se George Herman consegue um *home run* a cada dez batidas, o número de *home runs* e o de batidas são iguais. Para isso, basta você emparelhar, de maneira biunívoca, batidas e *home runs*. O primeiro *home run* é emparelhado com a primeira batida, o segundo *home run* é emparelhado com a segunda batida e o nonagésimo nono *home run* corresponde à nonagésima nona batida. Para cada batida, há sempre um *home run* correspondente. Como o número de *home runs* nunca se esgota, não "sobra" nenhuna batida.

Alguns temas podem ser mais facilmente compreendidos numa forma visual. Por isso vou dar mais um exemplo desse tipo de emparelhamento de conjuntos de números e mostrar que o número dos inteiros positivos (os números inteiros 1, 2, 3 e assim por diante) é igual ao número de inteiros que são divisíveis por dois. Tudo que preciso fazer é escrever os números positivos numa linha e os números pares na linha abaixo, assim:

$$\begin{array}{cccccc} 1 & 2 & 3 & 4 & 5 & \dots \\ \Updownarrow & \Updownarrow & \Updownarrow & \Updownarrow & \Updownarrow & \\ 2 & 4 & 6 & 8 & 10 & \dots \end{array}$$

Aqui as setas de duas pontas indicam que cada número está emparelhado com o de baixo e os três pontos no fim de cada linha indicam que as séries continuam para sempre.

A princípio esta argumentação pode parecer um tanto duvidosa. Na verdade, porém, o raciocínio é perfeitamente válido. Emparelhar uma coleção de objetos com outra é a forma mais elementar de contar. É um procedimento que pode ser empregado até por quem não sabe nada de aritmética.

Isso pode ser ilustrado pelo seguinte exemplo: imagine que uma garotinha quer saber se o número de xícaras e o de pires que a mãe tem no guarda-louça são iguais. Embora precoce, a garotinha ainda não aprendeu a contar. Isso não é, contudo, nenhum impedimento. Ela simplesmente põe cada xícara sobre um pires. Se não houver nenhum pires e nenhuma xícara sobrando quando chegar ao fim dessa tarefa, é que os números de ambos são os mesmos.

Embora a intuição nos diga que há duas vezes mais inteiros positivos que inteiros pares, somos obrigados a concluir que as duas infinidades são iguais. De fato, é possível encontrar exemplos ainda mais extremos. Em 1638, por exemplo, o grande cientista italiano Galileu percebeu que o número de inteiros positivos era igual ao número de números quadrados.*

Um número quadrado é um número formado pela multiplicação de um número por ele mesmo. O primeiro quadrado é 1, o resultado obtido quando se efetua a multiplicação 1 x 1. Seguem-se os quadrados 4 (2 x 2), 9 (3 x 3), 16 (4 x 4), 25 (5 x 5) e 36 (6 x 6). Eles podem ser emparelhados da seguinte maneira:

1	2	3	4	5	6	...
⇕	⇕	⇕	⇕	⇕	⇕	
1	4	9	16	25	36	...

Quando chegou a esse resultado, Galileu concluiu que havia algo de muito esquisito com os números infinitos e que o melhor que tinha a fazer era evitá-los. A infinidade, disse ele, era "inerentemente incompreensível". Não foi o primeiro nem o único a chegar a essa conclusão. O fato de coleções infinitas "desiguais" poderem ser emparelhadas desse modo entre si havia sido percebido nos tempos antigos, e por cerca de uns dois séculos depois da morte de Galileu os matemáticos em geral negaram que tivesse sentido falar de números infinitos. É verdade que faziam uso de intermináveis "séries infinitas" de números. Um exemplo simples dessas séries seria o conjunto 1, 2, 3, ... que já encontramos. Outro seria a série de frações $^1/_2$, $^1/_4$, $^1/_8$ .... Mas aqui a idéia básica era que uma série desse tipo ia sempre continuando, continuando, continuando. Mesmo numa série que cresce de maneira regular, como 1, 2, 3, ... nunca se chega realmente à infinidade, apenas a números progressivamente maiores.

* O autor refere-se a um número quadrado perfeito, ou seja, considera somente os números obtidos pela multiplicação de um número inteiro por ele mesmo. (N.R.)

NÚMEROS TRANSFINITOS

O conceito de números infinitos continuou deixando os matemáticos perplexos até a última parte do século XIX. Foi então que, numa série de artigos publicados entre 1874 e 1884, o matemático alemão George Cantor mostrou que a infinidade podia de fato ser tratada de uma maneira matemática rigorosa. Ele começou por *definir* número infinito como aquele que poderia ser posto numa correspondência biunívoca com alguma parte de si mesmo. Já dei dois exemplos disso ao mostrar que os inteiros positivos podem ser emparelhados tanto com os inteiros pares quanto com o conjunto dos números quadrados. Isso nos leva à conclusão não muito surpreendente de que, com base na definição de Cantor, os números 1, 2, 3, ... constituem uma coleção infinita.

Mas Cantor fez muito mais que definir a infinidade. Chegou a vários resultados surpreendentes. Por exemplo, conseguiu provar que o conjunto dos inteiros positivos tinha o mesmo número de membros que o conjunto de todas as frações próprias e impróprias.[1] Para isso, foi preciso apenas estabelecer a seguinte correspondência biunívoca:

1	2	3	4	5	6	7	8	9	10	...
⇕	⇕	⇕	⇕	⇕	⇕	⇕	⇕	⇕	⇕	
$^1/_1$	$^2/_1$	$^1/_2$	$^1/_3$	$^2/_2$	$^3/_1$	$^4/_1$	$^3/_2$	$^2/_3$	$^1/_4$	...

Observe que a série inferior está ordenada de tal modo que nenhuma fração ficará de fora. Cantor começa incluindo todas as frações em que o numerador e o denominador somam 2. Há exatamente uma fração como essa, $^1/_1$. Em seguida, lista as frações em que essa soma é três. Dessa vez elas são duas: $^2/_1$ e $^1/_2$. Seguem-se quatro frações em que numerador e denominador somam quatro, quatro em que a soma é cinco, e assim por diante.

Alguns dos resultados obtidos por Cantor foram de fato surpreendentes. Em 1874, por exemplo, ele se dispôs a provar que o número de pontos numa linha era menor que o número de pontos num plano ou num espaço de qualquer número de dimensões.[2] Em vez disso,

---

1 Nas frações impróprias, o numerador é maior que o denominador, como 5/3 e 7/4.

2 Os matemáticos freqüentemente falam de "espaços" com mais de três dimensões. Na verdade, por vezes utilizam espaços com um número infinito de dimensões. Não se

descobriu uma prova do contrário. Fosse qual fosse o número de dimensões, o número de pontos era sempre o mesmo. "Vejo que é assim, mas não acredito", disse ele numa carta ao matemático alemão Richard Dedekind em 1877.

Mas não pense que o trabalho de Cantor implicava que todos os números infinitos eram iguais. Definitivamente esse não era o caso. Por exemplo, ele conseguiu mostrar que os inteiros positivos 1, 2, 3, ... não podiam ser postos numa correspondência biunívoca com os pontos de uma linha. Isso queria dizer que esta segunda infinidade tinha uma magnitude maior. Embora ambos fossem infinitos, o número de pontos numa linha era maior que o número de inteiros positivos.

Por fim, Cantor conseguiu demonstrar que havia muitos números infinitos diferentes — um número infinito deles. Atribuiu o símbolo $\aleph_0$ à menor das infinidades, aquela representada pelos inteiros positivos.[3] Aqui $\aleph$ é a primeira letra do alfabeto hebraico, alef, e $\aleph_0$ designa "alef zero". O número infinito maior que se segue é $\aleph_1$, alef um, que é seguido por uma série interminável de números infinitos, todos representados pela mesma letra hebraica. Cantor chamou os alefs de números transfinitos e até hoje eles são conhecidos por esse nome.

Como seria de esperar, as descobertas de Cantor não tiveram aceitação imediata entre os matemáticos. Muitos deles queriam evitar por completo o uso do conceito de infinidade e ali estava Cantor falando de um número infinito de infinidades. Um ex-professor de Cantor, o matemático alemão Leopold Kronecker, foi especialmente crítico em relação a seu trabalho. Tachou as idéias de Cantor de "matematicamente insanas" e, mais tarde, impediu que o ex-aluno obtivesse um cargo na Universidade de Berlim. Outro matemático ainda mais eminente, o francês Henri Poincaré, definiu a teoria matemática da infinidade de Cantor como algo que as gerações futuras iriam ver "como uma doença de que se curou".

Essas investidas tiveram um lamentável efeito emocional sobre Cantor. Sendo já um tanto paranóico, ele começou a imaginar cons-

---

deve imaginar, porém, que haja qualquer relação entre esses espaços matemáticos abstratos e o espaço tridimensional do mundo físico cotidiano. Os primeiros são construtos puramente matemáticos.

3 $\aleph_0$ representa também o conjunto de todos os quadrados, ou o conjunto de todas as frações. Como vimos, ambos são iguais ao conjunto de todos os inteiros positivos.

pirações. Recusou-se a ter qualquer ligação com a única revista de matemática que acolhera bem o seu trabalho, acreditando que seu editor estava envolvido num conluio contra ele. Na primavera de 1884, sofreu um colapso nervoso. Depois de recuperado, afastou-se do trabalho matemático e passou a publicar ensaios em revistas filosóficas. Durante a parte final de sua vida, Cantor sofreu depressões severas e vários colapsos mentais. Acabou sendo dispensado de suas funções de professor na Universidade de Halle e veio a falecer num hospital psiquiátrico em 1918.

Nessa altura, uma geração mais jovem de matemáticos e filósofos estava começando a entender a importância do trabalho realizado por Cantor. Em 1926, o eminente matemático alemão David Hilbert resumiu o recém-surgido respeito por Cantor dizendo: "Ninguém haverá de nos expulsar do paraíso que Cantor criou para nós." Mas, é claro, quando isso foi dito fazia oito anos que Cantor estava morto.

AQUILES E A TARTARUGA

Não é minha intenção discutir a teoria dos números transfinitos de Cantor de maneira muito detalhada. A teoria é um exemplo da chamada matemática "pura" — isto é, a matemática pela matemática — e não tem nenhuma aplicação nas ciências naturais. A física, por exemplo, não utiliza números transfinitos, como tampouco o faz qualquer outro campo científico. Minha intenção ao introduzir o tópico foi simplesmente mostrar que, por paradoxal que possa parecer, o conceito de infinidade pode ser assentado sobre um sólido fundamento lógico. Ninguém pode simplesmente se recusar a admitir o ingresso dos números infinitos ao discurso matemático, como Leopold Kronecker quis fazer.

Isso torna a idéia da infinidade mais, e não menos, desconcertante quando encontrada num contexto não-matemático. Quando deparamos com quantidades infinitas, não podemos querer removê-las dizendo que a infinidade é um conceito ilógico ou incoerente. Não podemos descartar os números infinitos como "inerentemente incompreensíveis", como fez Galileu. Se encontramos alguma situação em que aparecem números infinitos, é necessário examinar a questão cuidadosamente e tentar encontrar uma forma de trabalhar com esses números.

É verdade que no mundo cotidiano não se encontram quantidades infinitas. Nada se desloca com velocidade infinita. Não há um número infinito de estrelas no céu, ou um número infinito de grãos de areia na praia. No entanto, encontramos o conceito do infinito a cada passo na filosofia e na ciência moderna e, ocasionalmente, na literatura. Na linguagem cotidiana, a palavra *infinito* continua sendo usada como sinônimo de "o que está além da compreensão humana". Quando encontrado num contexto científico ou filosófico, contudo, o infinito não pode ser eludido com tanta facilidade. Ciência e filosofia, afinal de contas, são tentativas de compreender o mundo.

Um dos primeiros e mais famosos usos da idéia de infinidade é o paradoxo de "Aquiles e a Tartaruga", concebido pelo filósofo grego Zenão de Eléia em meados do século V a.C. Ele pode ser formulado assim: suponha que o veloz guerreiro Aquiles deve disputar uma corrida com uma tartaruga. Sendo de longe a mais lenta dos dois, a tartaruga é autorizada a começar num ponto certa distância à frente. Mas nesse caso, diz Zenão, Aquiles jamais conseguirá alcançar seu adversário. Para isso, ele precisa primeiro chegar ao ponto do qual a tartaruga partiu. A essa altura, a tartaruga terá avançado até algum ponto adiante na pista de corridas. E quando Aquiles alcançar esse ponto, a tartaruga terá avançado ainda mais. É óbvio, afirma Zenão, que a série é interminável. Haverá sempre alguma distância, por menor que seja, entre os dois competidores.

Todos nós sabemos, é claro, que Aquiles iria alcançar a tartaruga com muita facilidade, mas assinalar isso não invalida o raciocínio de Zenão. O que ele esta dizendo é que Aquiles deve efetuar uma série infinita de atos, algo que não pode ser feito num período de tempo finito. Se preferirmos não acreditar nisso, temos de demonstrar onde reside a falácia.

O UM

Antes que eu continue a discutir o paradoxo de Zenão, talvez seja uma boa idéia dizer alguma coisa sobre o contexto em que ele foi proposto. Quando formulou "Aquiles e a Tartaruga" e seus outros paradoxos, Zenão não estava simplesmente procurando inventar quebra-cabeças divertidos. Ao contrário, tinha um objetivo sério. Zenão era discípulo do filósofo Parmênides, que afirmava que a realidade era uma unidade imutável, a que chamava de Um. O movimento, a mudança, a multiplicidade, dizia Parmênides, eram ilusões. Os que acreditavam na sua realidade estavam sendo enganados pelos seus sentidos. As idéias de Parmênides têm alguma semelhança com aquelas encontradas em filosofias orientais. Os hinduístas, por exemplo, também afirmam que o mundo dos sentidos é uma ilusão. No entanto, há uma diferença significativa. Parmênides acreditava que o pensamento racional podia desvendar a verdadeira natureza da realidade; não estava seguindo nenhuma "senda espiritual".

Parmênides é considerado em geral o primeiro racionalista; isto é, o primeiro filósofo a seguir para onde quer que a razão parecesse conduzi-lo, ainda que suas conclusões parecessem ser desmentidas pelo senso comum. Suas idéias parecem ter impressionado Platão, que escreveu um diálogo — chamado *Parmênides* — que retrata um jovem Sócrates cheio de admiração pelo filósofo mais velho. Como seria de esperar, as idéias de Parmênides foram também objeto de considerável dose de zombaria. Há quem pense que Zenão inventou seus paradoxos para defender seu mestre.

Infelizmente, os escritos do próprio Zenão desapareceram e a única versão que temos de seus paradoxos é a de Aristóteles, que os formulou no intuito de refutá-los. Aristóteles faz isso de uma maneira apressada e negligente; como fica patente que não levava os paradoxos muito a sério, não podemos ter certeza de que os temos em sua forma original. A propósito, não sabemos ao certo que idéia precisamente Zenão estava procurando demonstrar. Aristóteles diz que Zenão propôs o paradoxo de "Aquiles e a Tartaruga" e um outro chamado "A dicotomia" no intuito de mostrar que o movimento era impossível. Mas não é certo que isso seja correto. Alguns filósofos pensam que Zenão estava rebatendo a idéia de que o espaço e o tempo eram infinitamente divisíveis, que seu objetivo ao descrever uma situação absurda em que Aquiles tem de transpor uma série de distâncias que ficam progressivamente mais curtas era mostrar que o espaço não podia ser dividido dessa maneira. Esse ponto de vista é, de fato, bastante lógico. Se o espaço pudesse ser subdividido infinitamente, as idéias de Parmênides estariam refutadas. Dificilmente se poderia dizer que algo com um número infinito de partes é uma entidade imutável.

Aristóteles atribui a Zenão a invenção da dialética, técnica freqüentemente usada nos diálogos platônicos. Nesses escritos, vemos muitas vezes Sócrates pedir a uma outra pessoa que emita uma opinião. Em seguida ele demonstra que essa idéia leva a uma contradição ou a uma conclusão absurda.[4] Aparentemente, Zenão estava usando a técnica da dialética em "Aquiles e a Tartaruga". Todos sabiam que Aquiles logo alcançaria o lerdo animal. Consequentemente, tinha de haver algo errado com os pressupostos iniciais.

Na verdade, saber algumas coisa sobre a razões por que Zenão criou seu paradoxo não nos ajuda a compreendê-lo. Para tal, é preciso estudar o paradoxo em si. Simplificando um pouco as coisas, vou supor que Aquiles corre exatamente duas vezes mais depressa que a tartaruga. Isso pode soar um pouco disparatado, mas pode ser que Aquiles tenha passado um dia duro matando troianos e se a tartaruga não fosse a mais veloz do mundo provavelmente não teria desafiado Aquiles para uma corrida, para início de conversa. Observe que, ao fazer essa suposição, não alteramos em nada a natureza do paradoxo. O princípio é exatamente o mesmo, quer Aquiles corra duas, dez, ou 50 vezes mais depressa que seu adversário.

Além disso, vou presumir que a vantagem dada à tartaruga foi de dez metros e que Aquiles precisa exatamente de um segundo para completar a primeira fase da corrida; isto é, para chegar ao ponto de partida da tartaruga.[5] É fácil ver que a dianteira da tartaruga terá sido reduzida a cinco metros nesse ponto. Se Aquiles é capaz de correr dez metros por segundo, a tartaruga correrá com metade dessa velocidade. Como a dianteira da tartaruga foi reduzida pela metade, é óbvio que Aquiles precisará apenas de meio segundo para completar a segunda fase. A transposição da terceira exigirá um quarto de segundo, ao passo que a quarta vai demandar um oitavo de segundo, e assim por diante. Se ponho isto numa forma tabular, chegamos a algo assim:

Volta	1	2	3	4	5	6	...
Tempo necessário (segundos)	1	$\frac{1}{2}$	$\frac{1}{4}$	$\frac{1}{8}$	$\frac{1}{16}$	$\frac{1}{32}$	...

Se somarmos então o tempo total transcorrido em qualquer fase da corrida, verificamos que a soma é $1\,{}^{1}/_{2}$ segundo após duas voltas, $1\,{}^{3}/_{4}$ segundo após três, $1\,{}^{7}/_{8}$ após quatro, e assim por diante.

4 Dialética (mostrar que uma idéia leva a uma contradição) não se confunde com o método socrático (uma técnica de indagação). Sócrates freqüentemente combinava os dois métodos.

5 Sei perfeitamente que na verdade ninguém corre tão depressa. Minha intenção é escolher números que facilitem a aritmética.

Volta	1	2	3	4	5	6	...
Tempo total transcorrido (segundos)	1	$1\frac{1}{2}$	$1\frac{3}{4}$	$1\frac{7}{8}$	$1\frac{15}{16}$	$1\frac{31}{32}$	...

A impressão que se tem é de que o tempo total se aproxima cada vez mais de dois segundos. Na verdade, no mundo real, Aquiles alcançaria a tartaruga exatamente nesse intervalo de tempo nas condições que descrevi. E se Aquiles estivesse correndo dez vezes mais depressa que a tartaruga, o resultado seria semelhante. A única diferença seria que o tempo exigido para a corrida seria menor. De fato, pode ser demonstrado que o tempo seria $1\ ^{1}/_{9}$ segundo.[6]

À primeira vista, parece que o paradoxo de Zenão pode ser resolvido com bastante facilidade. Basta um pouco de aritmética. Um momento de reflexão mostrará que não é assim. Zenão não disse que Aquiles seria incapaz de alcançar a tartaruga num tempo finito. Sabia perfeitamente que era exatamente isso que aconteceria. O que Zenão disse realmente foi que era impossível para Aquiles efetuar um número infinito de atos.

A DICOTOMIA

O paradoxo chamado "A dicotomia" (os nomes pelos quais os paradoxos são conhecidos foram cunhados por comentadores posteriores, não por Zenão) é similar em natureza ao "Aquiles e a Tartaruga". Segundo Zenão, não é possível completar nenhuma jornada. Para tanto, você precisa primeiro viajar a metade da distância até seu destino, depois a metade da distância restante, e de novo metade do que resta, e assim por diante. Por mais perto que você chegue do lugar aonde deseja ir, sobra sempre alguma distância.

Além disso, não é possível nem sequer começar, diz Zenão. Afinal, antes que a segunda metade da distância possa ser percorrida, é preciso transpor a primeira. Mas antes que *essa* distância possa ser percorrida, é preciso completar o primeiro quarto. E para que isso possa ser feito é preciso transpor o primeiro oitavo, e assim por diante, reiteradamente.

---

6 Porque 1 + 0,1 + 0,01 + 0,001 + ... é um número que vai se aproximando cada vez mais do decimal 1,1111111 ... (aqui os pontos indicam que o algarismo 1 se repete para sempre), o que é exatamente $1\ ^{1}/_{9}$.

As duas formas do paradoxo são na realidade imagens uma da outra. Na primeira, Zenão divide uma distância em partes cada vezes menores. Se representarmos isso com uma série de frações, obtemos o conjunto infinito $^1/_2$, $^1/_4$, $^1/_8$, $^1/_{16}$ .... Na segunda parte do paradoxo, isso é invertido, e as frações cada vez menores aparecem no início: ... $^1/_{16}$, $^1/_8$, $^1/_4$, $^1/_2$.

Se somarmos as frações, obteremos algo assim: $^1/_2 + {}^1/_4 + {}^1/_8 + {}^1/_{16} + ...$ À medida que mais termos são acrescentados, a soma vai se aproximando cada vez mais de um, assim como se aproximava cada vez mais de dois segundos no paradoxo anterior. Zenão está dizendo que para transpor qualquer distância é necessário efetuar um número infinito de atos.

Diz-se que quando Zenão relatou esse paradoxo para Diógenes, o Cínico, este o "refutou" levantando-se e caminhando para a saída. Mas podemos presumir com segurança que a história é apócrifa; Zenão morreu 17 ou 18 anos antes do nascimento de Diógenes. Seja como for, não teria sido realmente uma refutação. Zenão sabia muito bem que as pessoas em geral eram capazes de se mover. O que perguntava era como isso era possível.

Os paradoxos de Zenão não podem ser facilmente descartados. Embora à primeira vista possam parecer charadinhas extravagantes, tornam-se verdadeiramente misteriosos quando examinados em detalhe. Num ensaio escrito na década de 1920, o filósofo britânico Bertrand Russell caracterizou-os como "incomensuravelmente sutis e profundos" e outros filósofos do século XX discutiram longamente a seu respeito. Esses filósofos podem ser divididos em dois campos: aqueles que pensam não haver nenhum problema real e aqueles que acreditam que os paradoxos de Zenão ainda não foram solucionados.[7] Dois mil e quinhentos anos depois que ele os formulou pela primeira vez, os paradoxos de Zenão ainda espicaçam alguns de nossos maiores intelectos.

FENDAS DE DESRAZÃO

O escritor argentino Jorge Luis Borges desenvolveu um fascínio próprio pelos paradoxos de Zenão. Em seu ensaio de meados do século,

7 No interesse do leitor que deseja se aprofundar nesses argumentos, vários artigos filosóficos sobre o assunto estão reunidos num livro organizado por Wesley C. Salmon, *Zenos Paradoxes* (Nova York: Bobbs-Merril, 1970).

"Avatares da Tartaruga", Borges fala da "natureza alucinatória do mundo": "Nós o sonhamos como firme, misterioso, visível, ubíquo no espaço e duradouro no tempo, mas em sua arquitetura nos são concedidas tênues e eternas fendas de desrazão que nos dizem que ele é falso." Uma das "fendas de desrazão" de que Borges fala é a que contém os paradoxos de Zenão. Borges era fascinado por aquela "Hidra numerosa" — o infinito — e referências a ela aparecem em muitas de suas histórias. Certa vez ele observou que desejava havia muito escrever um livro sobre o assunto, mas era dissuadido pelo fato de que isso exigiria um período excessivamente longo de "aprendizado metafísico, teológico e matemático".

Uma abordagem um tanto diferente foi adotada pelo escritor britânico G.J. Whitrow em seu livro *The Natural Philosophy of Time*. Parafraseando a idéia fundamental de Zenão, Whitrow consegue fazê-la parecer ainda mais misteriosa do que em sua forma original. Ele nos pede para considerar o caso de uma bola que, quicando, atinge a cada salto três quartos da altura do salto anterior. Como a bola não sobe à mesma altura a cada salto sucessivo, o tempo exigido para cada ciclo vai decrescer regularmente, exatamente como as distâncias e os tempos se reduziam nos paradoxos de Zenão. A única diferença significativa é que Whitrow usa um fator de três quartos onde Zenão usou um meio. Whitrow mostra que, fazendo certos pressupostos razoáveis sobre a velocidade inicial da bola, é possível calcular que ela vai quicar um número infinito de vezes no intervalo de quatro segundos.

Não faria diferença alguma, aliás, se cada salto chegasse a um terço, metade ou sete oitavos da altura do salto anterior. Só o que mudaria seria o tempo em que um número infinito de saltos teria lugar. Poderia vir a ser um segundo, ou sete segundos, ou dez segundos, em vez de quatro.

Na vida real não se consegue fazer uma bola quicar um número infinito de vezes. Nenhuma bola é uma esfera perfeita e nenhum piso é pefeitamente plano. Ambas as superfícies se revelariam irregulares quando examinadas com um microscópico potente. Em conseqüência, o atrito faria o movimento cessar após algum número finito de saltos. De fato, quando tentei fazer uma bola de pingue-pongue pular no piso da minha cozinha, ela quicou cerca de 20 vezes e depois rolou para debaixo da máquina de lavar louça. Contudo, um número infinito de saltos parece ser possível em princípio. Sob tais circunstâncias, não importa quantas vezes já tenha quicado, a bola vai quicar um número infinito de vezes no futuro. Como se isso não fosse suficientemente estranho, parece ser bastante difícil dizer com precisão o que a bola está fazendo depois de passados exatos quatro segundos. Está se deslocando para cima com alguma velocidade infinitesimal? Para baixo? Ou terá parado?

Constata-se que não é tão fácil responder a perguntas sobre a infinidade quando elas são situadas num cenário do mundo real. Cabe notar, aliás, que o conceito de números transfinitos de Cantor não tem nenhuma serventia para alguém que queira refutar Zenão ou responder a questões sobre bolas que quicam. Tudo que a teoria de Cantor nos diz é que a série $^1/_2$, $^1/_4$, $^1/_8$, $^1/_{16}$ ... pode ser posta em correspondência biunívoca com os inteiros positivos 1, 2, 3, 4 ... e que, conseqüentemente, ambos os conjuntos infinitos são do mesmo tamanho. Ela não nos diz coisa alguma sobre o comportamento de objetos do mundo real. Embora Cantor nos tenha ensinado que era legítimo falar sobre números infinitos, seu trabalho não os fez parecer menos estranhos. Muito pelo contrário. Talvez seja uma grande sorte nossa não encontrar infinitos com freqüência na vida real.

A PASSAGEM DO TEMPO

O filósofo americano William James criou sua própria versão de "A dicotomia", paradoxo de Zenão. Segundo James, 14 minutos nunca podem passar. Primeiro, é preciso que sete minutos transcorram. Antes dos sete, três minutos e meio devem passar, e antes ainda um minuto e três quartos, e assim por diante. De maneira similar, é possível "provar" que Zenão nunca teria morrido. Afinal, antes que sua vida pudesse terminar, ele teve de viver a primeira metade, depois metade do que restava, depois metade disso, e assim por diante. No entanto, as coisas parecem não ter se passado assim. Durante a fase final de sua vida Zenão envolveu-se em atividades políticas em Eléia, sua cidade natal. Segundo histórias que circularam no final da Antigüidade, o tirano que governava a cidade mandou torturar Zenão até a morte, sina que ele teria suportado heroicamente. Não podemos ter absoluta certeza de que as histórias são exatas — elas não coincidem no tocante a detalhes da morte de Zenão e vários nomes diferentes são atribuídos ao tirano.

ENQUANTO ISSO, NO HOTEL CELESTIAL ...

Babe (em vida, George Herman fora geralmente conhecido pelo apelido de "Babe") estava tendo uma discussão com os *shortstop* dos *Celestial Yankees*. Babe afirmava que se acendesse uma lâmpada num dos quartos do Hotel Celestial na segunda-feira, apagasse-a na terça-feira, voltasse a acendê-la quarta-feira, e repetisse o mesmo padrão por toda a eternidade, a condição final dessa lâmpada após um número infinito de comutações seria desligada. O *shortstop* sustentava que se a lâmpada fosse ligada, depois desligada, depois ligada — depois desligada e ligada por toda a eternidade, sua condição final seria ligada. Nenhum dos dois parecia capaz de compreender o ponto de vista do outro.[8]

Yogi, que por acaso passava pelo corredor do hotel, ouviu a controvérsia. Já os ouvira discutindo dessa maneira muitas vezes antes e sabia que o fariam um número infinito de vezes no futuro. Escutou por alguns momentos, apenas o bastante para se convencer de que estavam nisso mais uma vez. Sem nenhum desejo de se envolver na polêmica, deu meia-volta e seguiu no outro sentido, resmungando enquanto se afastava: "De novo o mesmo *déjà vu* de sempre."

Logo depois, ao passar pelo corredor do hotel, Babe foi assaltado por um súbito e aterrorizante pensamento. Ele ia jogar um número infinito de partidas. No entanto, no beisebol só era possível um número finito de jogadas. Se alguém golpeasse uma bola rebatida para o ar, por exemplo, havia apenas seis possibilidades: um *single,* um *double,* um *triple*, um *home run*, um *four ball* ou um *out.* Se um corredor tentasse um avanço seguro para a segunda base, o número seria ainda menor. Ou chegaria à base ou seria posto fora de jogo. Só era possível combinar um número finito de possibilidades de um número finito de modos. Portanto, ele estava destinado a jogar os mesmos jogos vezes e vezes sem conta um número infinito de vezes.

De repente a carranca de Babe deu lugar a um sorriso. Não, isso não era verdade, ele concluiu. Em qualquer turno dado, um time podia fazer qualquer número de batidas antes que houvesse três exclusões

8 Pode parecer que escrevi esta passagem para fazer graça, mas não foi o caso. A questão do estado final da lâmpada está entre as que surgiram em discussões filosóficas sobre a natureza da infinidade. É um problema que parece não ter solução.

do jogo. Havia na verdade um número infinito de possibilidades. Em seguida, começou a ficar confuso mais uma vez. Será que isso significava que alguns jogos teriam turnos de duração infinita?

2

TEMPO INFINITO

O matemático britânico Charles Lutwidge Dodgson — mais conhecido por nós pelo pseudônimo Lewis Carroll — parodiou certa vez Zenão numa fábula chamada "O que a Tartaruga disse a Aquilles". Nessa história, que ele publicou na revista britânica de filosofia *Mind*, encontramos Aquiles e a Tartaruga discutindo um teorema simples de geometria, a Primeira Proposição do matemático grego Euclides. Carroll enuncia o teorema, que trata de um triângulo, da seguinte maneira:

(A) Coisas iguais à mesma são iguais entre si.
(B) Os dois lados deste Triângulo são coisas iguais à mesma.
(Z) Os dois lados deste Triângulo são iguais entre si.

É óbvio para Aquiles que, se A e B são verdadeiros, a verdade de Z é uma decorrência lógica. Isso é contestado pela Tartaruga, que diz que vai aceitar A e B, mas não está muito certa quanto a Z. Para contentá-la, Aquiles introduz uma outra premissa:

(C) Se A e B são verdadeiros, então Z é necessariamente verdadeiro.

Agora com certeza a Tartaruga vai aceitar a conclusão Z, diz Aquiles. Nada disso, replica a obstinada Tartaruga. Ela aceita A, B e C, mas não Z. Diante disso, Aquiles acrescenta mais uma premissa:

(D) Se A e B e C são verdadeiros, então Z é necessariamente verdadeiro.

Como você provavelmente adivinhou, esse tipo de coisa pode se prolongar para sempre. No final da história, mais de mil premissas foram escritas e a Tartaruga comenta que havia "vários milhões ainda por vir".

A fábula não é tão espirituosa quanto Carroll obviamente pretendia que fosse. Além disso, contém alguns trocadilhos muito ruins — em certa altura, a Tartaruga (*Tortoise)* é rebatizada "*Taught-Us*" e Aquiles "*A Kill-Ease*". Apesar disso, a história não deixa de oferecer uma boa ilustração da impossibilidade de um retrocesso infinito. A Tartaruga peca por comedimento ao dizer que havia "vários milhões ainda por vir". Obviamente, por mais premissas que Aquiles acrescente, ela sempre poderá pedir mais uma. Esse processo pode se estender para sempre.

Naturalmente, a impossibilidade de um retrocesso infinito surge com freqüência em discussões filosóficas, especialmente em debates que pretendem demonstrar a existência de Deus. Aristóteles "prova" a existência de Deus com o argumento de um Motor Primeiro. Tudo que está em movimento, diz ele, tem de ser movido por alguma outra coisa. O corpo A é movido pelo corpo B, que é movido pelo corpo C, e assim por diante. Mas essa série não pode se estender para sempre. Tem de haver um Motor Primeiro, que é Deus.

Aristóteles não está dizendo que Deus pôs o universo em movimento em seu início. Em sua filosofia, a força motora precisa ser aplicada continuamente, ou o movimento cessará. A razão por que uma pedra continua a se mover depois de deixar a mão que a lançou, por exemplo, nada tem a ver com momentum linear*; este conceito era desconhecido no tempo de Aristóteles. Pensava-se que uma pedra era propelida pelos movimentos do ar pelo qual passava. Quando esses movimentos deixavam de ser suficientes para continuar a impulsioná-la, a pedra caía ao chão perpendicularmente.[1] Assim também, se o Motor Primeiro deixasse de existir de alguma maneira, todo movimento no mundo cessaria também.

A polêmica acabaria por se tornar parte da teologia católico-romana. No século XIII, santo Tomás de Aquino escreveu uma obra monumental, intitulada *Summa theologica,* em que se esforçou por conciliar a filosofia de Aristóteles com a doutrina da Igreja. Não surpreende ver Tomás repetir o argumento do Motor Imóvel. De fato, ele propõe cinco provas da existência de Deus, duas das quais são

---

1 É claro que um objeto arremessado não se comporta em absoluto dessa maneira. Fica patente que Aristóteles nunca teve de apanhar uma bola rebatida para o ar.

* O momentum linear é definido, na física clássica, como o produto da massa do corpo pela sua velocidade medida em um referencial inercial. (N.R.)

variações da idéia do Motor Imóvel. Na mais conhecida das duas, ele invoca a idéia de uma Causa Primeira. Todo evento tem de ter uma causa, diz Aquino. Mas essa série não pode se estender interminavelmente. Deve haver, portanto, uma Causa Primeira. Em outro argumento, ele diz que deve haver necessariamente uma fonte.

Esse raciocínio parece muito pouco convincente para a mentalidade científica moderna. Todo cientista pode ou não acreditar em Deus. Em qualquer dos casos, porém, provavelmente não aceitaria essas linhas de argumentação, ou outras similares. Aristóteles acreditava que os objetos terminariam em repouso se não houvesse alguma força movendo-os. Sabemos hoje que o estado natural de qualquer corpo é em movimento. Uma das leis de Sir Isaac Newton afirma que todo corpo que está em movimento continuará se movendo numa linha reta a menos que alguma força externa atue sobre ele. Da mesma maneira, a idéia de uma Causa Primeira soa um tanto suspeita à luz da moderna teoria da mecânica quântica. Segundo a interpretação mais comumente aceita da mecânica quântica, partículas subatômicas individuais podem se comportar de maneiras imprevisíveis e são muitos os eventos aleatórios, não provocados.[2]

Já outras argumentações envolvendo retrocesso infinito não podem ser descartadas com tanta facilidade. Em seu livro *Crítica da razão pura,* o filósofo alemão do século XVIII Immanuel Kant afirmou que era absurdo supor que o tempo era infinito. Se uma quantidade infinita de tempo tivesse transcorrido antes do presente, teria de haver ocorrido um número infinito de eventos, o que era impossível.

Kant não estava tentando provar que o tempo é finito. Na verdade, ele apresentou um outro argumento que parecia levar à conclusão oposta; acreditava poder mostrar que a idéia de tempo finito também levava a uma contradição. O tempo não podia ter um começo, disse ele, porque nesse caso se poderia perguntar o que aconteceu antes desse ponto. Não podia ter um fim porque nesse caso se poderia perguntar o que aconteceu depois. Kant estava tentando provar que, como não podia ser infinito nem finito, o tempo não era uma propriedade do mundo externo. Ao contrário, tinha de ser algo inato na mente humana, não uma característica do mundo externo.

Não é minha intenção, porém, expor filosofia idealista alemã, apenas dar alguns exemplos de argumentos que fazem uso do retro-

---

2 Retornaremos à mecânica quântica num capítulo posterior.

cesso infinito especialmente no que diz respeito a questões relativas à natureza do tempo. Como veremos, a questão do caráter finito ou infinito do tempo vem sendo debatida desde a Antigüidade. Até hoje os cientistas não sabem realmente se o tempo é infinito ou finito. A maioria deles acredita que o tempo começou no *big bang* em que nosso universo foi criado. Se o tempo virá ou não a terminar, não se sabe.

Qualquer pessoa que se ponha a pensar sobre a natureza do tempo confronta-se imediatamente com questões atinentes à infinidade. Em última análise, infinidade e eternidade são conceitos estreitamente relacionados. Penso portanto que seria interessante retroceder e ver como o problema do tempo foi tratado durante vários períodos da história, a começar pela Antigüidade. Uma das coisas que tornam tal esforço interessante é que certas idéias muito antigas são muito parecidas com idéias modernas. Vamos descobrir, por exemplo, que algumas idéias sobre o tempo expostas na Grécia antiga apresentam uma estranha semelhança com conceitos surgidos no contexto da cosmologia moderna.

TEMPO CIRCULAR

Aristóteles afirmava que o mundo sempre existira. À primeira vista, é uma declaração surpreendente. Afinal, ele não só invocou a impossibilidade de um retrocesso infinito em seu argumento do Motor Imóvel, como negava também que quantidades infinitas pudessem realmente existir. Existem apenas infinidades potenciais, dizia.

O conjunto dos inteiros positivos fornece um bom exemplo do que Aristóteles queria dizer. Na terminologia dele, os números 1, 2, 3, ... são potencialmente infinitos porque, embora você possa prosseguir contando tanto quanto queira, nunca transporá todo o caminho até a infinidade. Para qualquer número que você imaginar, é sempre possível encontrar um maior. Se tivermos o número 568.922.777.983.416.715.334.065.784.930.891.419.851.002.713.842, basta somar 1 para obter o número maior 568.922.777.983.416.715.334.065.784.930.891.419.851.002.713.843. Aliás poderíamos somar 13 para obter 568.922.777.983.416.715.334.065.784.930.891.419.851.002.713.855, ou 100 trilhões para obter 568.922.777.983.416.715.334.065.784.930.891.519.851.002.713.842. Embora muito grandes, estes números estão longe de ser infinitos. O que Aristóteles chamava de infinidade real nunca é encontrado.

Como, então, pôde Aristóteles concluir que o tempo passado era infinito? Na verdade, ele não o fez. A seu ver, o tempo era um círculo. Ele abraçava uma crença muito comum nos tempos antigos, a dos ciclos cósmicos. Pensamos o tempo como algo que se estende numa linha reta do passado para o futuro. No entanto, pensar o tempo dessa maneira não é realmente mais natural que concebê-lo como circular. Afinal, em sua maioria, os fenômenos naturais são cíclicos. Todos conhecemos os ritmos da noite e do dia, as fases da Lua e as progressões das estações.

De fato, a idéia de tempo cíclico surgiu em muitas civilizações diferentes. O hindus concebem ciclos cósmicos de ampla duração e acreditam que o mundo é periodicamente destruído e recriado. Durante o período védico (cerca de 1500 a 600 a.C.), sábios indianos elaboraram essa idéia e conceberam ciclos dentro de ciclos. O menor era uma época, cerca de 360 anos humanos. O maior, de ordem de 300 trilhões de anos, correspondia às vidas dos deuses.

O chineses antigos, que acreditavam numa interação cíclica entre os princípios cósmicos opostos do *yin* e *yang*, calculavam um ciclo de 23.639 anos. No Novo Mundo, os astecas e os maias acreditavam no tempo cíclico e em catástrofes cíclicas. Eram, contudo, um pouco mais comedidos que os hindus em sua concepção do tempo. Segundo a crença asteca, o mundo ficava sob o risco de ser destruído a cada 52 anos. Encontramos a idéia de ciclos do mundo também na mitologia nórdica. Segundo esta, a Terra e o céu seriam destruídos numa batalha final entre os deuses e os gigantes. O mundo seria criado de maneira diferente, com novos deuses e uma nova raça humana. Presumivelmente esse era um processo que se repetiria vezes sem conta.

O GRANDE ANO

Na Grécia antiga, acreditava-se em geral na existência de um ciclo conhecido como o grande ano. Quando, passados milhares de anos, o Sol, a Lua e os cinco planetas conhecidos* recobrassem certa confi-

* Os cinco planetas visíveis a olho nu são Mercúrio, Vênus, Marte, Júpiter e Saturno. Urano foi descoberto por William Herschel em 1781, Netuno por Johann Galle em 1846 e Plutão por Clyde Tombaugh em 1930. (N.R.)

guração original, o tempo teria completado seu ciclo. Em cada ciclo haveria um "grande inverno", durante o qual o mundo seria inundado por chuvas e enchentes, e um "grande verão", durante o qual ele seria destruído pelo fogo.

Muitos acreditavam que em cada ciclo os eventos da história humana se repetiriam exatamente. Haveria outra Guerra de Tróia, outra Atenas, até outro Sócrates, que mais uma vez tomaria cicuta. Esta foi uma das doutrinas propostas pela irmandade mística dos pitagóricos, assim chamados por causa de seu fundador, Pitágoras. Ela é encontrada também no diálogo *Parmênides,* de Platão, quando Parmênides afirma que algo que está envelhecendo está simultaneamente se afastando e se aproximando de seu início no tempo circular. Parmênides não desenvolve essa idéia; ao que parece, esperava que seus ouvintes entendessem o que tinha em mente.

O conceito de tempo cíclico é encontrado também em *Problemas*, livro tradicionalmente atribuído a Aristóteles. Numa passagem, o livro fala de viver tanto antes quanto depois da Guerra de Tróia. A idéia é que, se o tempo é circular, a Guerra de Tróia está tanto no passado quanto no futuro. Provavelmente, contudo, isto não representa a verdadeira opinião de Aristóteles, uma vez que estudiosos atuais acreditam que *Problemas* foi compilado muito depois de sua morte.

Se o tempo é um ciclo, não há nenhuma infinidade de eventos passados. Atravessar todo um ciclo de tempo ou grande ano seria como fazer uma viagem em volta da Terra: acaba-se retornando ao mesmo lugar. De fato, não é nem sequer necessário falar de uma infinidade de ciclos. Ao contrário, o mesmíssimo ciclo pode ser repetido vezes sem conta.

Aristóteles não acreditava que eventos passados se repetiriam exatamente, ou que os mesmos indivíduos que viviam em seu tempo iriam viver de novo no futuro. Faz referência, contudo, à concepção do grande ano e a eventos como o grande inverno. Ademais, acreditava que os eventos humanos seguiriam certos padrões cíclicos.

Para a mentalidade moderna, pode parecer estranho conceber o tempo como um círculo se os eventos passados não se repetem. Mas talvez devamos lembrar que por vezes nós mesmos falamos dessa maneira. Falamos freqüentemente de levantar da cama na "mesma hora" todas as manhãs, ou de ir para o trabalho, ou de jantar, ou de ir para a cama em algum momento particular. Aristóteles está utilizando a mesma idéia, só que numa escala grandiosa. Em sua opinião, quando certos movimentos celestes particulares se repetem durante sucessivos grandes anos, tem-se o "mesmo momento".

OS ESTÓICOS

A despeito do ceticismo de Aristóteles, a idéia de que os eventos de fato se repetiam tornou-se extraordinariamente influente. Isso porque tratava-se de um dos princípios associados ao estoicismo. Embora os primeiros estóicos fossem gregos, o estoicismo tornou-se uma doutrina muito difundida entre os romanos. De fato, ele adquiriu algumas das características de uma religião. Isso, aliás, nada tem de particularmente surpreendente. Nos tempos antigos, a distinção entre filosofia e religião não era nem de longe tão grande quanto é hoje. Muitas sugestões religiosas podem ser encontradas nos escritos de Platão, por exemplo, e nos tempos romanos as pessoas freqüentemente recorriam à filosofia quando buscavam um guia para a condução de suas vidas.

O estoicismo foi fundado por Zenão de Cítio (que não deve ser confundido com Zenão de Eléia) por volta de 300 a.C. Pouco dos escritos de Zenão sobrevive hoje; possuímos apenas alguns fragmentos. No entanto, é possível obter um quadro bastante claro de suas doutrinas. Curiosamente, parece que Zenão não pretendeu propor uma filosofia original. Estava mais interessado, isso sim, em reunir idéias que representassem a "sabedoria das eras". Ao fazê-lo, contudo, criou uma filosofia que durou por séculos. Quase 500 anos depois da morte de Zenão, romanos eminentes ainda estavam propondo idéias estóicas.

Segundo Zenão, os mesmos eventos estavam fadados a se repetir em ciclos interminavelmente recorrentes. Ao fim de cada ciclo, todo o cosmo seria destruído num imenso incêndio, para depois nascer outra vez. De início, não haveria nada senão fogo. Pouco a pouco, o fogo se condensaria em ar, depois em água. A Terra se formaria a partir de parte da água e um novo mundo seria criado, para perdurar até que todas as coisas fossem finalmente transformadas de novo em fogo. Embora para a mente moderna isso soe como uma estranha série de transformações, teria parecido perfeitamente lógico no tempo de Zenão, quando se pensava que os quatro elementos — terra, ar, fogo e água — podiam ser transformados um no outro.

Como o estoicismo permaneceu em voga durante séculos, é natural que algumas das doutrinas a ele associadas tenham mudado com o tempo. Em particular, passou-se a dar maior ênfase a idéias éticas e religiosas no estoicismo posterior. No entanto, um dogma fundamental permaneceu inalterado: os seres humanos eram impotentes para modificar o curso dos eventos e estavam destinados a viver as mesmas vidas incontáveis vezes. Num sentido, porém, eles eram livres: podiam cultivar a virtude e a harmonia interiores. A virtude era o único bem; questões mundanas, como saúde e bens materiais, não tinham nenhuma importância.

O estoicismo soa como uma filosofia austera. Hoje parece espantoso que uma doutrina que ensinava que todas as ações carecem de sentido fosse tão amplamente aceita. O estoicismo teve contudo um grande apelo em sua época e perdurou por um tempo espantosamente longo. Tornou-se especialmente popular entre romanos de todas as classes. Um célebre filósofo estóico, Epiceto, era escravo; outro, Marco Aurélio, era imperador.

Entre os que popularizaram a doutrina estóica em Roma estava o político e promotor público Cícero.[3] Adversário de Júlio César, Cícero, embora não tenha participado do assassinato dele, estava entre os que consideravam sua morte necessária. Inimigo de Marco Antônio, ele foi executado pelo imperador Augusto depois que este assumiu o poder. Em meio a uma agitada vida política, Cícero encontrou tempo para escrever vários livros, entre os quais um intitulado *A natureza dos deuses*, em que discorreu sobre filosofias rivais — das quais uma era o estoicismo.

Estritamente falando, Cícero não foi membro da escola estóica de filósofos, mas incluí-lo entre os estóicos não é se desviar muito da verdade. Ele se sentia atraído pelas doutrinas da escola e muitos de seus escritos têm um tom estóico. Das três filosofias que discute em seu livro, é o estoicismo que Cícero descreve com mais simpatia.

Entre outros estóicos eminentes incluíram-se Sêneca, um filósofo, tragediógrafo e estadista, e Marco Aurélio. Sêneca, que foi tutor do imperador Nero, tinha influência nas questões políticas da época. Acabou caindo em desgraça e Nero lhe ordenou que cometesse suicídio. Sêneca, diga-se de passagem, parece ter sido um daqueles filósofos incapazes de seguir os ditames de suas próprias doutrinas. Como

---

3 Quem procurar Cícero numa enciclopédia lerá que ele foi "o mais notável orador de Roma", ou algo desse teor. Prefiro descrevê-lo de modo algo mais concreto. As duas descrições não são assim tão diferentes; era na política e nos tribunais que a oratória tinha seus principais usos.

estóico, seria de esperar que fosse indiferente à riqueza, e no entanto acumulou uma enorme fortuna. Parte dela foi obtida mediante empréstimos de dinheiro feitos na província romana da Britânia a taxas exorbitantes e esse talvez tenha sido um dos fatores que levaram os britânicos a se revoltar contra o domínio romano.[4]

Marco Aurélio tornou-se imperador em 161 d.C. Hoje é conhecido sobretudo por suas *Meditações,* um livro de reflexões filosóficas. Ao que tudo indica, essas meditações, escritas muitas vezes em meio a campanhas militares, nunca haviam se destinado à publicação. Aurélio parece tê-las escrito unicamente como um exercício consolador. Ele teria preferido uma vida tranqüila, mas os encargos de seu posto tornavam isso impossível. Durante seu reinado toda uma série de desastres atingiu Roma; houve pestes, terremotos, insurreições e guerras prolongadas. Aurélio pertenceu a uma série de imperadores romanos que perseguiram os cristãos. Parece tê-lo feito por um senso de dever. Os cristãos rejeitavam a religião oficial, que Marco Aurélio considerava uma necessidade política.

A CONCEPÇÃO ESTÓICA DO TEMPO

Os estóicos acreditavam que o tempo era circular e finito, mas, diferentemente de Aristóteles, não tinham nenhum horror à infinidade. Segundo a cosmologia estóica, o cosmo visível — a Terra e o céu — existia no interior de um vazio de extensão infinita. Além das estrelas e dos planetas, havia apenas espaço vazio, um espaço sem fim ou limites.

Aristóteles se recusara a admitir que havia alguma coisa fora do cosmo. Rejeitava a idéia de um vazio exterior. Os estóicos não concordavam. Para mostrar que tinha de haver um vazio, usavam uma velha argumentação que parece ter tido origem com o filósofo pitagórico Arquitas de Tarento.* A argumentação se desdobra mais ou

---

4 A causa imediata da revolta foi a fustigação da rainha Boadicéia e o estupro de suas filhas por soldados romanos. Mais tarde, Boadicéia e seus guerreiros celtas praticamente expulsaram os romanos da Britânia.

* Arquitas de Tarento (c.400-365 a.C.) foi discípulo de Filolau e contemporâneo e amigo de Platão. Filosoficamente associado ao pitagorismo, a ele são atribuídas obras sobre mecânica e geometria. (N.R.)

menos assim: Suponha que uma pessoa se poste na borda do cosmo e estique o braço para fora. Que vai acontecer? Ela o esticará para dentro do vazio. Agora imagine que essa pessoa se poste um pouco mais para fora e estique o braço de novo. Obviamente esse processo pode ser continuado indefinidamente. Isso, diziam os estóicos, prova que o vazio é infinito. O uso desta argumentação, aliás, mostra que os estóicos concebiam a infinidade de maneira um tanto diferente de Aristóteles. Para este, um raciocínio como esse teria mostrado apenas que tal vazio — se é que podia realmente existir — era *potencialmente* infinito. Para os estóicos, em contrapartida, a infinidade era algo de muito real.

Os estóicos concebiam o cosmo como um objeto no interior de um mar infinito de nada. Dentro do cosmo, os eventos se repetiam interminavelmente e só o que havia de livre era a vontade humana. Em tais circunstâncias, seria sensatamente possível tentar outra coisa senão ser "estóico"? Os filósofos estóicos não pensavam assim. Se você não podia alterar o curso que sua vida estava destinada a tomar, o melhor que fazia era se concentrar no cultivo de sua virtude interna.

TEMPO LINEAR

Como observei antes, habitualmente pensamos o tempo não como os gregos antigos, mas como algo que se estende numa linha reta rumo ao passado e ao futuro, possivelmente rumo ao passado infinito e ao futuro infinito. Essa concepção linear de tempo é uma conseqüência de nossa herança judaico-cristã.

No judaísmo antigo não havia lugar para ciclos cósmicos. O mundo foi criado num ponto particular do tempo. Deus criou o mundo a partir de um vazio sem forma. Após despender seis dias na tarefa, Ele descansou. Além disso, nos é dito que certos eventos acontecem apenas uma vez; não se repetirão. Por exemplo, o Livro do Gênesis nos diz que Deus prometeu a Noé que jamais haveria outro Dilúvio e que Ele criou o arco-íris como um sinal dessa promessa. De maneira semelhante, o Êxodo foi algo que ocorreu uma vez. Os judeus não estavam destinados a fugir do Egito repetidamente.

Há vestígios da idéia de tempo circular aqui e ali no Antigo Testamento. Lemos nos Eclesiastes que "o que sucedeu é o que haverá de suceder; e o que foi feito é o que será feito: e não há nada de novo sob o Sol." Mas essas alusões são poucas e a existência de algumas passagens isoladas desse caráter não prova que a idéia de tempo circular era comum na cultura judaica antiga.

Por sua própria natureza, o cristianismo enfatizou a concepção de tempo linear num grau ainda maior. A doutrina cristã, afinal, centra-se em torno do sofrimento, morte e ressurreição de Jesus. Se fosse sugerido que isso se repetiria indefinidamente em sucessivos ciclos cósmicos, todo o significado da Redenção estaria perdido. Assim, nas epístolas de são Paulo, que fazem parte do Novo Testamento, encontramos Paulo insistindo em mais de uma ocasião que Jesus sofreu *uma vez* pelos pecados da humanidade.

Aproximadamente 350 anos mais tarde, santo Agostinho sentiu que ainda era necessário enfatizar que "Cristo morreu uma vez pelos nossos pecados." Agostinho, que se tornara bispo da cidade de Hipona, na África do Norte, em 396 d.C., começou a escrever seu notável livro, *A cidade de Deus,* em 412. Em 410 Roma fora saqueada pelo rei visigodo Alarico I, e muitos haviam atribuído o desastre ao abandono dos antigos deuses pagãos em favor do cristianismo. Agostinho sentiu que essa acusação tinha de ser contestada e entregou-se ao esforço de escrever uma resposta. Seu livro, porém, não foi concluído antes de 427 e, enquanto era escrito, desenvolveu-se em algo muito mais grandioso que o tratado que ele tivera em mente de início. Ao longo do percurso, atacou os "sábios enganadores e enganados", que continuavam a defender a idéia do tempo cíclico, além da astrologia. A concepção cíclica do tempo não era só uma doutrina tola, disse Agostinho, era também ímpia. Fazendo eco a são Paulo, enfatizou que "uma vez Cristo morreu por nossos pecados; e, levantando-se dos mortos, Ele não mais morreu".

Agostinho tinha perfeita consciência da existência de um forte vínculo entre o conceito de um grande ano e a doutrina astrológica. Pois se ciclos de eventos se repetem interminavelmente em conformidade com os movimentos dos planetas, disto se segue que deveria ser possível prever eventos futuros pelo estudo do céu. Mas a astrologia não podia ser verdadeira, disse Agostinho, argumentando que gêmeos, que tinham o mesmo horóscopo, freqüentemente tinham destinos diferentes. Agostinho se inquietava com o determinismo associado à astrologia. Talvez esse tenha sido um dos fatores que o levaram a atacar a concepção estóica do tempo, em que determinismo e tempo cíclico caminham lado a lado.

Embora a idéia de tempo cíclico fosse combatida pela Igreja, a crença na doutrina persistiu por muitos séculos. Em 1277, quando Etienne Tempier, bispo de Paris, mencionou 219 opiniões a serem condenadas como heréticas, a doutrina do tempo cíclico figurou em sexto lugar na lista. E muitos anos depois, durante o Renascimento, a idéia tornou-se de novo objeto de intensa discussão. O que se observa é que mesmo na cultura ocidental, em que as doutrinas religiosas levaram a uma insistência na idéia de que o tempo é linear, a concepção de ciclos cósmicos intermináveis sempre teve certo apelo.

TEMPO E ETERNIDADE

A aceitação da doutrina judaico-cristã de que a criação se deu num ponto determinado do tempo não elimina os problemas associados ao conceito de tempo linear infinito. Os paradoxos referidos por Kant não só permanecem como de início parecem se agravar um pouco. Se o mundo foi criado num ponto particular do tempo, significa isso que Deus permitiu que uma eternidade transcorresse antes de iniciar a Criação? E por que Ele não criou o mundo mais cedo?

Os "sábios enganadores e enganados" que defendiam a idéia de tempo circular talvez tenham feito perguntas como essa a santo Agostinho, pois em suas *Confissões* ele menciona aqueles que perguntavam: "Que fazia Deus antes de criar o céu e a Terra?" Há quem diga que Agostinho respondeu: "Estava preparando o inferno para gente que faz esse tipo de pergunta." Na verdade, ele escreveu que não retrucaria de maneira tão frívola e fez um sério esforço para encontrar uma resposta.

Agostinho estava impregnado de filosofia grega. Os gregos, no entanto, não eram de muita valia. Aqueles filósofos haviam em geral considerado a matéria como algo que sempre existira. Essa idéia estava presente até nas obras de Platão, que não defendia a noção do tempo cíclico. É verdade que Platão fala de uma criação em seu diálogo *Timeu*, mas seu demiurgo não é um Criador, simplesmente dá forma a uma matéria que já existia.

Agostinho precisava, portanto, dar uma solução original para o problema, e foi o que fez. Concluiu que o tempo simplesmente não existia antes da Criação. O tempo e o mundo nasceram juntos. A eternidade de Deus não era uma modalidade de tempo; ao contrário,

Deus permaneceu eternamente fora do tempo. Perguntar o que fazia Deus antes da Criação não tinha sentido. Não houve nenhum antes.

As perguntas feitas a Agostinho e as respostas que ele deu revelam notável semelhança com as perguntas e respostas que de vez em quando ouvimos hoje. Cristãos fundamentalistas perguntarão: "E o que estava acontecendo antes do *big bang*?" A resposta que os cientistas dão é basicamente a mesma de Agostinho; não houve nenhum "antes". No *big bang*, tempo, espaço e matéria foram criados todos juntos.

Não devemos imaginar, porém, que Agostinho resolveu todos os problemas associados à idéia de um tempo linear interminável. Ele próprio certamente não parecia pensar assim. Em certa altura, pergunta de modo um tanto retórico: "Que é então o tempo?" E em seguida responde: "Se ninguém me pergunta, eu sei; se quero explicar a quem pergunta, não sei." Em outro ponto diz "Confesso-Vos, ó Senhor, que estou ainda mais ignorante do que é o tempo."

O tópico da natureza do tempo é fascinante. Levá-lo adiante, porém, por pouco que fosse, nos extraviaria demais.[5] Em capítulos subseqüentes, porém, retornarei à questão do caráter infinito ou finito do tempo linear. Como veremos, os cientistas ainda não sabem se o tempo é finito ou infinito.

IVAN KARAMAZOV E SATANÁS

Há uma passagem no romance *Os irmãos Karamazov*, escrito por Dostoievski no final do século XIX, em que Ivan Karamazov tem a alucinação de que Satanás foi visitá-lo. Vestido como um fidalgo russo um tanto andrajoso, Satanás professa ser um agnóstico tão consumado quanto Ivan. Mas é um camarada agradável, de conversa interessante. No curso de sua palestra com Ivan, Satanás expõe a antiga teoria dos ciclos cósmicos. A Terra foi destruída e recriada "pelo menos um bilhão de vezes", diz Satanás. Além disso, o processo vai se repetir "infinitamente e sempre da mesma maneira".

Curiosamente, a idéia estóica de ciclos cósmicos aparece dessa vez no contexto do tempo linear. Como cristão, Dostoievski aceita a idéia de que houve uma criação. Por isso não faz Satanás dizer que o ciclo se repetiu um número infinito de vezes no passado. O número

5 Remeto o leitor interessado a meu livro *Time's Arrows* (Simon & Schuster, 1985).

de ciclos passados foi "pelo menos um bilhão". Por outro lado, a doutrina cristã não o impede de imaginar um futuro eterno. Assim, esses ciclos podem se repetir um número infinito de vezes.

A idéia é ocasionalmente encontrada também na literatura contemporânea. Em *A insustentável leveza do ser*, o romancista tcheco Milan Kundera alude ao "mito louco" do eterno retorno, e diz: "Se cada segundo de nossas vidas retorna um número infinito de vezes, estamos pregados na eternidade como Jesus Cristo esteve pregado na cruz. É uma perspectiva terrificante."

Quando fala de eterno retorno, Kundera está fazendo referência a uma idéia proposta por Friedrich Nietzsche, filósofo alemão do século XIX e contemporâneo de Dostoievski. Nietzsche não se limitou a repetir a concepção estóica do tempo; na verdade, afirmou que a idéia dos ciclos intermináveis era bastante plausível. Se o universo continha apenas um número finito de átomos, disse ele, então esses átomos só podiam ter um número finito de configurações diferentes. Mas, prosseguiu Nietzsche, o tempo era infinito. Qualquer configuração dada de átomos em nossa Terra seria repetida inúmeras vezes no futuro. Os eventos que acontecem hoje voltariam a ter lugar vezes sem conta.

Nietzsche era um pensador clássico e sua doutrina da eterna recorrência se desenvolveu a partir de suas leituras de filósofos antigos. Há contudo uma diferença entre sua teoria e as deles. Nietzsche não pensa o tempo como circular. Supõe que seja linear e infinito. Ainda assim, chega à mesma conclusão a que chegaram seus predecessores antigos: os eventos vão se repetir interminavelmente.

A teoria de Nietzsche nunca atraiu a atenção dos cientistas e hoje algumas das questões que ela suscita parecem irrelevantes. Como veremos adiante, a teoria geral da relatividade de Einstein implica que, se o universo é infinito em extensão, também o tempo deve ser infinito. E se o universo é finito, então o tempo é finito também; em algum momento futuro, terminará. Se a teoria de Einstein estiver correta — e temos todas as razões para acreditar que está —, a suposição de Nietzsche de um tempo infinito num universo finito está errada.

3

Mundos infinitos

A questão da natureza finita ou infinita do universo foi debatida muitas vezes por sábios medievais. A concepção que tinham de um universo infinito mostra pouca semelhança com as modernas. Em geral, os filósofos medievais seguiam Aristóteles, supondo que a Terra era cercada por uma série de esferas celestes móveis. A esfera mais interna continha a Lua; outras esferas eram atribuídas a Mercúrio, Vênus, o Sol, Marte, Júpiter e Saturno, nessa ordem. Para além da esfera de Saturno havia a das estrelas fixas, que girava rapidamente em torno da Terra, completando uma revolução a cada 24 horas. Às vezes, por razões teológicas ou filosóficas, acrescentavam-se esferas adicionais, de modo que podia haver algo entre oito e onze órbitas celestes ao todo.

A questão fundamental era o que havia além da esfera mais exterior, se é que havia alguma coisa. Alguns se mantinham fiéis a Aristóteles, afirmando que nada existia além das fronteiras do cosmo. Não havia nenhuma matéria, nenhum espaço, nenhum tempo. Segundo Aristóteles, a própria noção de um vazio além da esfera mais exterior era contraditória. Alguns filósofos medievais contestavam essa conclusão e sustentavam que havia um vazio infinito.

Embora essa concepção do universo se assemelhasse à dos estóicos, as razões para a postulação de um vazio infinito eram em geral diferentes. Se Deus era infinito, diziam alguns filósofos, devia haver um espaço infinito em que Ele era onipresente. Segundo uma metáfora muito citada, extraída do *Livro dos XXIV filósofos*, obra do século XII, "Deus é uma esfera infinita cujo centro está em toda parte e a circunferência em lugar nenhum."

O discurso sobre o universo surgiu a partir do debate teológico católico-romano. Muitas das argumentações que eram desenvolvidas, embora engenhosas, são em geral de interesse apenas para filósofos. Afinal, sabemos hoje que a cosmologia medieval era errada. A Terra não está cercada por uma série de esferas celestes e o universo, se for infinito, é constituído não de um espaço vazio, imensurável, mas de números infinitos de galáxias e astros.

O DESENVOLVIMENTO DA ASTRONOMIA

A idéia de que o cosmo era composto de uma série de esferas celestes com a Terra no centro permaneceu incontestada por séculos. Era respaldada pela autoridade tanto de Aristóteles quanto da Bíblia, que falava de uma Terra fixa, imóvel. Além disso, o conhecimento astronômico se desenvolveu lentamente durante a Idade Média e a astronomia tinha em geral pouca conexão com a cosmologia. A astronomia era uma disciplina matemática extremamente técnica. O principal estímulo para seu estudo, durante o final da Idade Média e o Renascimento, era o desejo de calcular horóscopos mais precisos. A cosmologia, por outro lado, era o domínio dos teólogos e filósofos naturais, que em geral careciam da formação matemática que lhes teria permitido ler tratados astronômicos.

Ainda que os filósofos tivessem mais familiaridade com o conhecimento astronômico da época, talvez isso não tivesse feito muita diferença, pois não havia uma teoria astronômica única, de aceitação geral. No século XVI, elas eram mais de uma dúzia. Sem dúvida, esses diferentes sistemas partilhavam certos pressupostos: A Terra era o centro do cosmo, e o Sol, a Lua e os planetas moviam-se em torno dela. No entanto, cada sistema analisava os detalhes desses movimentos de maneira diferente.

Quando se admite que a Terra é móvel, observam-se dois diferentes tipos de movimento no céu. O fato de a Terra girar em torno de seu eixo faz o Sol, a Lua e os planetas se levantarem e se porem. A revolução da Terra em torno do Sol produz um outro movimento, muito mais lento. No verão, quando a Terra está de um lado do Sol, este aparece contra um certo pano de fundo de estrelas. No inverno, as estrelas que aparecem por trás do Sol são outras. É claro que não se pode ver essas estrelas durante o dia, mas não é difícil calcular a posição do Sol. Isso se reflete em nossos signos astrológicos. Diz-se que uma pessoa nascida entre 21 de março e 19 de abril nasceu quando o Sol estava na constelação de Áries, ao passo que outra com data de nascimento entre 22 de dezembro e 19 de janeiro teria vindo ao mundo, diz-se, quando o Sol estava em Capricórnio.

No caso dos vários planetas, podemos observar isso diretamente. O planeta Marte, por exemplo, por vezes parece estar no meio de um grupo de estrelas, e por vezes no meio de outro. Deveria ser evidente que, uma vez que tanto a Terra quanto Marte giram em torno do Sol, suas posições relativas vão mudar. À medida que mudam, Marte parecerá se mover de um lugar do céu para outro.

Se admitimos que o Sol, a Lua e os planetas giram em torno de uma Terra imóvel, esses movimentos aparentes contra o pano de fundo das estrelas fixas torna-se bastante complicado. Nem o movimento do Sol pode ser descrito com facilidade. O Sol, que está mais próximo da Terra no verão do que no inverno, parece se mover com diferentes velocidades durante diferentes estações.* Não se pode presumir que ele tem um movimento uniforme, porque nesse caso a teoria não se adequará à observação. Ajustes precisam ser feitos. No caso de um planeta, os movimentos aparentes são ainda mais complexos. As posições relativas da Terra e de Marte, por exemplo, dependem dos movimentos orbitais tanto de um quanto de outro. Em conseqüência, não só Marte parece cruzar o campo de estrelas com velocidades diferentes em diferentes pontos de sua órbita, como por vezes parece inverter seu curso e se mover de maneira retrógrada; isto é, em direção oposta àquela em que comumente se move. Depois muda de curso uma segunda vez e retoma seu progresso em sua direção original.

Não é difícil entender por que isso acontece. A Terra, que tem uma órbita interior à de Marte, move-se com velocidade muito maior. Assim, haverá momentos em que a Terra "ultrapassa" Marte, tal como um corredor numa pista interior pode ultrapassar outro numa pista exterior. Nessas circunstâncias, o pano de fundo de estrelas por trás de Marte parece se deslocar rapidamente.

Os astrônomos do final da Idade Média e do Renascimento usavam várias técnicas matemáticas para explicar os movimentos aparentes

* O autor refere-se ao Hemisfério Norte. A órbita terrestre é uma elipse com o Sol ocupando um dos focos, e, dessa forma, a Terra ora se encontra mais próxima, ora mais afastada do Sol. Esta mudança de distância não é responsável pelo surgimento das estações do ano. As estações ocorrem devido à inclinação do eixo de rotação da Terra em relação ao plano da órbita. Quando ocorre maior incidência de energia solar em um dos hemisférios, é verão nesse hemisfério e inverno no outro. (N.R.)

dos planetas. Todos os sistemas faziam uso de epiciclos. Contudo, como epiciclos apenas não eram capazes de explicar os movimentos observados dos planetas, os astrônomos sobrepunham epiciclos a epiciclos. Às vezes admitiam que um planeta girava não em torno da Terra, mas em torno de um ponto no espaço próximo da Terra. Ou então pressupunham que os planetas se moviam com diferentes velocidades em diferentes pontos de suas órbitas. Não havia consenso quanto à maneira exata como os movimentos planetários deviam ser descritos. Diferentes astrônomos usavam diferentes combinações de técnicas para desenvolver os detalhes. Ali onde um podia acrescentar um epiciclo a um sistema que já utilizava muitos deles, outro recorreria a uma técnica matemática diferente. Curiosamente, os astrônomos em geral davam pouca atenção à idéia de esferas celestes. Este é um exemplo da divisão entre astronomia e filosofia nessa época.

No final do século XVI, os sistemas astronômicos haviam se tornado bastante complicados. E no entanto nenhum deles funcionava muito bem. Eram todos incapazes, em certa medida, de concordar com as observações astronômicas. Assim, quando convidado a aconselhar a Igreja acerca da reforma do calendário no início do século XVI, o astrônomo polonês Copérnico sugeriu que o projeto fosse adiado. Parecia-lhe que o conhecimento astronômico não estava suficientemente completo para permitir a elaboração de um calendário verdadeiramente preciso. Esta é sem dúvida uma declaração reveladora. Afinal, para criar um calendário correto não é preciso saber coisa alguma sobre os movimentos de qualquer dos planetas. Basta compreender os movimentos aparentes do Sol e da Lua. Na verdade, Copérnico estava dizendo que estes ainda não podiam ser calculados precisamente.

A REVOLUÇÃO COPERNICANA

Copérnico esperou até o final de sua vida para publicar *De revolutionibus orbium coelestium (Das revoluções dos orbes celestes)*, o livro em que expôs a teoria de que o Sol, e não a Terra, era o centro do sistema solar. Ele foi publicado em 1543, o ano de sua morte. De fato, supõe-se que Copérnico tenha recebido o primeiro exemplar impresso no seu leito de morte.

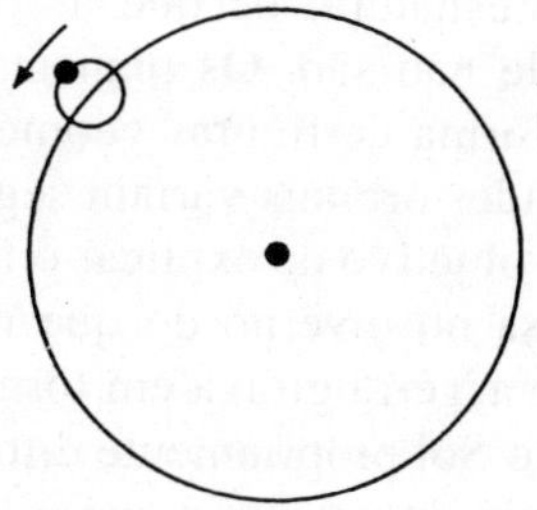

FIGURA 1. O epiciclo é um dos mais simples estratagemas usados na astronomia pré-copernicana. O ponto preto representa a Terra. O círculo maior é o deferente, ou a órbita principal de um planeta em torno da Terra. O planeta não se situa exatamente no deferente, mas num epiciclo. Ele se move ao longo do epiciclo enquanto o centro do epiciclo se move ao longo do deferente. Se os dois movimentos se derem em direções opostas (um no sentido horário, o outro no sentido anti-horário), o planeta, tal como visto da Terra, parecerá por vezes inverter sua direção. Os astrônomos pré-copernicanos muitas vezes iam além e punham epiciclos sobre epiciclos, e até epiciclos sobre epiciclos sobre epiciclos.

A acolhida dada ao livro de Copérnico foi inteiramente diferente da que teriam os escritos de Galileu sobre o sistema copernicano 90 anos mais tarde. Em 1633, Galileu foi julgado pela Inquisição sob acusações de heresia. Ameaçado de tortura, foi obrigado a abjurar sua defesa da astronomia heliocêntrica. Quem quer que conheça essa história poderia imaginar que a publicação de *De revolutionibus* também suscitou forte oposição, mas não foi o que aconteceu, por duas razões. A teoria de Copérnico era tão nova que ninguém havia considerado ainda suas implicações teológicas. Segundo, seu livro era de natureza extremamente técnica e praticamente ilegível senão por astrônomos. Tornou-se rapidamente conhecido na comunidade astronômica, mas fora dela poucos tinham conhecimento de sua existência.

Os astrônomos foram rápidos em reconhecer a importância da obra de Copérnico. Poucos deles se dispuseram a aceitar a idéia de que a Terra gira em torno do Sol. Percebiam, contudo, que as ferramentas teóricas que Copérnico desenvolvera eram úteis para o cálculo das posições dos planetas e estavam prontos a aceitar a idéia de uma Terra em movimento como uma ficção matemática útil.

Na verdade, o sistema de Copérnico não era consideravelmente mais simples que aqueles previamente em uso. Copérnico fizera a conjetura aparentemente natural de que as órbitas planetárias eram circulares. Na realidade não são. Os planetas se movem em órbitas alongadas, que têm a forma de figuras geométricas conhecidas como elipses, e suas velocidades orbitais variam segundo a distância que os separa do Sol.* Com o objetivo de explicar o fato de que o Sol parecia se mover mais depressa no inverno do que no verão, Copérnico foi obrigado a admitir que a Terra girava em torno de um ponto próximo do Sol, não em torno do Sol propriamente dito. E, embora seu sistema eliminasse a necessidade de presumir que os planetas por vezes mudavam de direção e tinham um movimento retrógrado,** Copérnico teve ainda de lançar mão de epiciclos e de outras técnicas usadas por seus predecessores no intuito de promover a concordância entre sua teoria e as observações astronômicas.

Uma das razões por que os contemporâneos de Copérnico relutavam em aceitar a idéia de que a Terra poderia se mover em torno do Sol era que ninguém jamais observara quaisquer alterações nas posições aparentes das estrelas. Isso era exatamente o que se esperaria se a Terra permanecesse fixa no centro do cosmo.

Medições recentes situam a Terra a uma distância de cerca de 150 milhões de quilômetros do Sol. Ao se deslocar de um lado de sua órbita para o outro, ela percorre uma distância duas vezes maior, ou 300 milhões de quilômetros. A órbita da Terra é quase circular, e o diâmetro de um círculo é o dobro de seu raio. As estrelas deveriam portanto parecer um tanto diferentes no inverno e no verão. Afinal, uma árvore não parece a mesma quando vista de uma posição um pouco à direita ou à esquerda. Da mesma maneira, quando observadas de diferentes pontos privilegiados, as posições das estrelas deveriam parecer um pouco diferentes.

---

* Como a órbita da Terra é elíptica, a distância Terra-Sol varia durante o ano de 149.700.000 a 152.500.000 quilômetros. Quando a Terra se encontra mais próxima do Sol, o movimento aparente do Sol é mais rápido, uma vez que o período de rotação da Terra é praticamente constante durante o ano. (N.R.)

** Devemos pensar no movimento aparente, pois somos observadores situados na superfície da Terra e esta move-se em relação ao Sol. Assim, vemos o Sol se movendo no céu diurno e estrelas se deslocando na mesma direção no firmamento à noite. Como os demais planetas também se movem em relação ao Sol, em algumas épocas podemos observar que um determinado planeta está se deslocando em movimento contrário ao do firmamento; este é o movimento retrógrado, que pode ser explicado com facilidade se pensarmos em um observador fixo no Sol. (N.R.)

E isso é exatamente o que acontece. Mas as estrelas estão tão distantes que esse efeito, chamado paralaxe estelar, é muito pequeno. Só veio a ser observado em 1838, bem depois da invenção do telescópio astronômico. Simplesmente não havia meio que permitisse aos observadores do século XVI ver a paralaxe estelar a olho nu.

Copérnico compreendeu que a paralaxe estelar devia existir, mas não conseguiu observá-la. Tentou resolver a dificuldade sugerindo que as estrelas estavam tão distantes que o efeito era pequeno demais para ser visto. Essa era uma idéia nova. Sempre se supusera que as estrelas não estavam muito mais distantes da Terra que Saturno, o mais distante planeta conhecido. Durante o século IX, por exemplo, o astrônomo árabe al-Fargani avaliou que a esfera de estrelas estava a cerca de 120 milhões de quilômetros da Terra. Em seu tempo, como no de Copérnico, esse número parecia imenso. Ninguém imaginava que a distância até a estrela mais próxima viria a se revelar mais de 300 mil vezes maior.

OUTROS MUNDOS

No tempo de Copérnico, não havia nenhum meio para calcular a que distância qualquer das estrelas podia estar, ou de determinar se elas se dispunham numa esfera ou se situavam a diferentes distâncias do Sol. Mas uma coisa era óbvia. Se a teoria copernicana estava realmente correta, as estrelas não eram minúsculos pontos de luz. Para serem vistas a distâncias tão colossais, tinham de ser muito grandes e brilhantes, talvez tão brilhantes quanto o próprio Sol.

A primeira pessoa a explorar essa idéia parece ter sido Thomas Digges, um inglês que publicou uma versão popular da teoria de Copérnico em 1576. Compreendendo que as estrelas não tinham de estar necessariamente situadas numa esfera, Digges descreveu um universo em que as estrelas eram outros sóis. A Terra e o Sol estavam no centro e as estrelas se dispersavam sem limite em todas as direções, num espaço infinito que cercava o sistema solar.

As idéias de Digges eram um tanto contraditórias. Só pode haver "centro" num espaço finito, com fronteiras definidas. Se o espaço é infinito, cada ponto é um centro, tanto quanto qualquer outro. Mas não tem muita importância que Digges não tenha sido capaz de perceber isso. Ele compreendeu o ponto mais importante, a saber, que se a teoria copernicana estava correta, o universo era ou infinito ou incomensuravelmente grande.

A idéia de um universo infinito é geralmente associada não a Digges, mas ao filósofo italiano Giordano Bruno, que fez da idéia de mundos infinitos um componente central de sua filosofia. Bruno, nascido em 1548, tornou-se um dos mais afamados sábios de sua época. Ele não tinha medo de expor idéias contrárias às convenções ou mesmo heréticas. Por isso, pagou um preço alto — foi preso por heresia em 1591, julgado duas vezes e finalmente queimado vivo no ano de 1600.

Bruno era rebelde e dado à disputa por natureza. Em 1565 ingressou na ordem dominicana, o que parece não ter sido uma decisão sábia, pois sua rebeldia e insubordinação às autoridades monásticas acabaram por torná-lo objeto de acusações de heresia, registradas contra ele em 1576. Bruno fugiu do mosteiro e acabou adotando uma vida de sábio errante. Durante esse ano, morou por curtos períodos de tempo nas cidades italianas de Gênova, Turim, Savona e Noli. Dali seguiu para Veneza, depois para Pádua e Milão. Finalmente, deixou a Itália em 1578 e foi para a França, onde viveu de 1579 a 1583. Após obter um doutorado em teologia da Universidade de Toulouse em 1581, foi para Paris e, em 1583, para Oxford, onde lecionou filosofia.

Não havia Inquisição na Inglaterra, que rompera com a Igreja Católica Romana durante o reinado de Henrique VIII. Mas, apesar disso, a beligerância de Bruno o pôs em embaraço. Nessa época, Oxford era um bastião do pensamento aristotélico. Os estudantes eram multados por discordar de Aristóteles e podiam ser expulsos se suas idéias se desviassem muito radicalmente das do filósofo grego. Bruno, no entanto, deixou-se envolver em polêmicas ao longo das quais atacou violentamente as idéias aristotélicas de certos eruditos de Oxford. Logo foi obrigado a deixar a universidade.

Seguiu então para Londres, para Paris e finalmente para a Alemanha, onde fez preleções nas Universidades de Marburg, Wittenburg e Helmstedt. De lá partiu para Frankfurt e depois para Zurique. Em 1591, um abastado nobre veneziano chamado Giovanni Mocenigo, um admirador de Bruno, ofereceu ao filósofo um cargo de tutor. Bruno aceitou, retornando à Itália pela primeira vez depois muitos anos.

Foi uma decisão desastrosa. Bruno e Mocenigo não se entendiam e o nobre logo ficou alarmado com as observações heréticas que Bruno freqüentemente fazia. Em 1592, a conselho de seu confessor, Mocenigo denunciou Bruno à Inquisição.

O julgamento nunca chegou a uma conclusão. Antes que terminasse, Bruno foi extraditado para Roma. Depois que o deixaram definhar durante seis anos nas masmorras da Inquisição romana, foi julgado de novo. Em 16 de fevereiro de 1600 foi queimado vivo, e decretou-se que seus livros fossem publicamente queimados e seus títulos introduzidos no Index, o catálogo das obras que os católicos eram proibidos de ler.

Documentos do século XVI indicam que os inquisidores de Bruno encontraram cerca de oito proposições heréticas em seus livros. Nenhum documento listando essas proposições chegou até nós. É razoável supor, contudo, que uma das idéias heréticas era a doutrina de Bruno de que os seres humanos viviam num universo infinito que continha um número infinito de mundos, alguns dos quais povoados por outros seres humanos.

Bruno acreditava que o universo era infinito tanto no espaço quanto no tempo. Além de não ter limites, era eterno. O tempo se estendia para um passado e um futuro infinitos. O Sol era apenas uma de um inumerável número de estrelas. Qualquer outra coisa era inconcebível. A mente não podia se impedir de pensar o universo como infinito, e somente um universo infinito podia emanar de um Deus infinito.

Segundo Bruno, Deus não tivera escolha senão criar um universo infinito. Qualquer outra coisa representaria um uso apenas parcial de seu poder infinito. Assim, Bruno rejeitava a concepção estóica, que postulava um vazio infinito além de um mundo finito. De fato, no universo de Bruno não havia vazio algum; nos espaços entre os mundos existia um éter material infinito. Esse éter coexistia com Deus, que era onipresente no espaço infinito. Em *De l'infinito universo*, Bruno escreveu:

> Assim a excelência de Deus é amplificada e a excelência de Seu reino revelada; Ele é glorificado não em um, mas em incontáveis sóis; não numa única Terra, num único mundo, mas em milhares de milhares, eu afirmo, numa infinidade de mundos.

Não é difícil ver que tais idéias seriam perturbadoras para as autoridades eclesiásticas. Segundo a doutrina da Igreja, o mundo foi criado num momento definido do tempo. Não existira eternamente, como Bruno afirmava. Além disso, a idéia de outros mundos habitados criava sérios problemas. Não houvera senão uma só Queda e uma só

Redenção. Fora de Adão e Eva que os seres humanos haviam herdado o pecado original. Se havia outras Terras com outros habitantes, como podiam eles participar do drama cósmico que se desenrolara na Terra? Era preciso supor que os habitantes desses mundos eram todos descendentes de Adões e Evas, e que Cristo fora crucificado em todos os mundos, ou então que o povo das outras terras não possuía nenhum pecado original e não tinha nenhuma necessidade de redenção. Mas ambas as suposições seriam heréticas.

Sem dúvida, a idéia de mundos infinitos não foi a única doutrina herética exposta por Bruno. Ele acreditava em reencarnação e ensinava que a Terra — e na realidade o próprio universo — possuía uma alma. No entanto, é no conceito de mundos infinitos que pensamos quando seu nome é mencionado hoje. Talvez, como Bruno insistia, a idéia de um universo infinito exerça certa atração sobre a mente humana. Os cientistas contemporâneos não chegariam ao ponto de sustentar, como o fez Bruno, que seria impossível conceber um universo que não fosse infinito. Contudo, a concepção de infinidade de Bruno arrebata de fato nossas imaginações em grau muito maior que suas outras doutrinas, por vezes obscuras, por vezes místicas.

Certamente arrebatou a imaginação do século seguinte. Há numerosas referências à doutrina da pluralidade dos mundos nos escritos de John Donne, na *Anatomy of Melancholy* de Robert Burton, no *Paraíso perdido* de John Milton, nos escritos do ensaísta francês Michel de Montaigne e nos romances fantásticos de ficção científica de Cyrano de Bergerac.

No final do século XVII, a idéia da pluralidade dos mundos tornara-se banal. Em 1734, o poeta inglês Alexander Pope resumiu toda ela em seu *Essay on Man*:

> Ainda que o Deus seja conhecido através de mundos incontáveis, / A nós compete descobri-lo apenas no nosso. / Ele, que é capaz de penetrar a vasta imensidão, / Ver mundos e mais mundos comporem um só universo, / Observar o embate de sistema com sistema, / Que outros planetas orbitam outros sóis, / Que Ser variado habita cada estrela, / Pode nos contar por que o Céu nos fez tal como somos.

A crença na pluralidade dos mundos não teve origem apenas nos escritos de Bruno. As descobertas astronômicas que Galileu fez mais tarde com um telescópio também serviram para popularizar a idéia. Contudo, se a intenção da Igreja ao queimar Bruno em 1600 era deter a difusão de suas idéias, o tiro saiu pela culatra. A execução teve por único efeito divulgar a própria doutrina que pretendia extirpar.

A REVOLUÇÃO CIENTÍFICA

Embora fosse um copernicano ardoroso, Bruno não era um cientista e contribuiu pouco ou nada para o desenvolvimento da astronomia. Seria um erro associá-lo muito estreitamente com a revolução científica que foi iniciada por pessoas como Copérnico, Galileu, o astrônomo dinamarquês Tycho Brahe, o astrônomo alemão Johannes Kepler e o grande Isaac Newton. De fato, Tycho, que foi um contemporâneo quase exato de Bruno (viveu de 1546 a 1601, enquanto o segundo viveu de 1548 a 1600), fez muito mais para promover a causa copernicana do que uma dúzia de Brunos teriam podido fazer. E o fez mediante detida, meticulosa observação.

Não teria sido possível construir nenhuma teoria astronômica verdadeiramente precisa com base nos registros de observações estelares à disposição dos astrônomos no tempo de Copérnico. Eles continham erros demais. Alguns dos registros astronômicos incluíam dados que haviam sido coletados por observadores desqualificados. Erros de cópia também causavam danos; dados originalmente precisos eram por vezes transcritos numa forma adulterada. O que se fazia necessário era um conjunto de observações novas, exatas, em que os astrônomos pudessem confiar. Foi isso que Tycho forneceu.

Tycho, um nobre dinamarquês, levou uma vida extravagante. Agraciado com uma ilha de 2.000 acres pelo rei da Dinamarca Frederico II, construiu com o patrocínio real um observatório que continha não só os melhores (e os mais caros) instrumentos astronômicos como também relógios, globos, quadrantes solares, figuras alegóricas e estátuas que giravam movidas por mecanismos ocultos. Tycho possuía também reservas de caça e viveiros de peixes, uma prensa, uma fábrica de papel e sua própria prisão particular. Como muitos membros da aristocracia da época, acreditava numa vida de esbanjamento.

Tycho foi de longe o melhor astrônomo de sua época. Levou a astronomia a olho nu até seus limites. Aperfeiçoou quase todas as observações astronômicas importantes e calculou a duração do ano com precisão de menos de um segundo. Seus dados tornaram finalmente possível a reforma do calendário e foram a base do novo calendário gregoriano, adotado em 1582. Ele observou os movimentos dos planetas com uma precisão muito maior que a alcançada antes por qualquer outro.

Tycho não era um copernicano. Procurou algum sinal de paralaxe estelar e, não tendo conseguido observar esse efeito, criou um modelo em que a Terra ocupava o centro do sistema solar. No sistema de Tycho, o Sol e a Lua giravam em torno da Terra, ao passo que os cinco planetas conhecidos giravam em torno do Sol. Trata-se de um sistema matematicamente equivalente ao de Copérnico. Em ambos os planetas giram em torno do Sol. E caso se queira calcular a órbita da Terra (ou a do Sol), não faz a menor diferença se é o Sol ou a Terra que são considerados imóveis; o movimento relativo é o mesmo em ambos os casos.

O FURTO DAS OBSERVAÇÕES DE TYCHO

Depois da morte de Tycho, Johannes Kepler, que trabalhara como seu assistente no último ano e meio de sua vida, conseguiu se apossar dos dados astronômicos que lhe permitiram calcular as órbitas corretas dos planetas. Enquanto Tycho vivia, Kepler só tinha direito a um acesso limitado às observações do mestre. O desejo deste era liberar apenas uma fração minúscula dos dados de cada vez. Uma vez que ele morreu, porém, Kepler simplesmente se apropriou delas. Numa carta escrita apenas alguns anos mais tarde, ele falou em "tomar as observações sob meus cuidados, ou talvez usurpá-las".

Após anos de árduos estudos e cálculos, Kepler foi capaz de deduzir as leis do movimento planetário sobre as quais Newton iria construir sua lei da gravitação. Kepler descobriu que só era possível pôr a teoria em concordância com a observações de Tycho supondo-se que os planetas se moviam em órbitas elípticas, não circulares. A primeira lei de Kepler dizia que os planetas se movem em órbitas elípticas. Sua segunda lei descrevia como a velocidade de um planeta mudava em diferentes pontos de sua órbita. A terceira, que foi finalmente anunciada em 1619, 18 anos depois da morte de Tycho, relacionava a distância que separava um planeta do Sol ao tempo que ele levava para completar uma revolução.

Diferentemente de Tycho, Kepler era um ardoroso defensor da idéia de que o Sol ocupava o centro do sistema solar. Foi seu trabalho matemático que provou de uma vez por todas a validade da hipótese de Copérnico. Até então não se realizara nenhum experimento para demonstrar conclusivamente que a Terra realmente se movia. Isso estava reservado para um futuro distante. Kepler havia mostrado, no entanto, que era possível construir um sistema astronômico coerente que descrevia o movimento planetário com precisão quase perfeita. Além disso, não havia nenhuma necessidade de epiciclos e dos demais artifícios matemáticos complicados anteriormente usados pelos astrônomos para remendar teorias que nunca funcionavam por completo.

Como seu predecessor Tycho, Kepler era muito requisitado como astrólogo. Seus horóscopos eram considerados mais precisos que os de seus contemporâneos, e provavelmente eram. Depois que ele se tornou o matemático da corte do imperador germânico Rodolfo II em 1601, uma de suas incumbências era calcular horóscopos para Rodolfo e outras figuras graduadas. Desse modo, a pseudociência da astrologia contribuiu para o progresso da revolução científica, fornecendo-lhe apoio financeiro.

Durante a época de Kepler, a oposição eclesiástica ao heliocentrismo se intensificou. A Igreja católica só viria a permitir a impressão de livros que descreviam o movimento da Terra como fisicamente real em 1822. Os protestantes por vezes condenavam idéias copernicanas mais ainda que os católicos. As autoridades religiosas protestantes não possuíam, contudo, nenhuma instituição comparável à Inquisição e eram incapazes de exercer o tipo de controle do pensamento comum em países católicos. Assim, Kepler, que passou sua vida num país protestante, pôde realizar seu trabalho sem ser molestado. Suas únicas dificuldades com as autoridades religiosas surgiram quando se viu obrigado a defender a mãe de acusações de bruxaria.

Quando Katherine Kepler foi acusada de bruxaria em 1615, seu filho contestou as incriminações e pediu a seus perseguidores que lhe enviassem cópias de todos os documentos que fossem redigidos em conexão com o caso dela. Infelizmente, Katherine foi insensata o bastante para oferecer um suborno a um dos funcionários caso ele arquivasse uma das acusações contra ela. Isso não ajudou seu processo. Em dezembro de 1616, após decidir que a fuga era provavelmente a melhor solução, Kepler e mais alguns parentes levaram Katherine do principado alemão onde morava para a cidade austríaca de Linz. Ao que parece, porém, Katherine não gostou de Linz; após viver lá por nove meses, retornou para casa.

Por alguma razão, a princípio não aconteceu grande coisa. O tribunal reuniu mais indícios, mas Katherine não foi incomodada até agosto de 1620, quando foi detida e presa. Após permanecer na prisão por 14 meses, foi finalmente libertada. É possível que sua recusa a confessar, mesmo quando sob ameaça de tortura, tenha tido algo a ver com esse desfecho. Grande número de vítimas confessava assim que os instrumentos de tortura lhes eram mostrados. A visão podia ser realmente terrificante. Naquele tempo, esmagar os ossos do polegar do acusado com um parafuso próprio muitas vezes nem chegava a ser considerado tortura, tão branda era essa punição comparada com outras técnicas então utilizadas. Mas Katherine não se desnorteou com as ameaças. Estava pronta para morrer, disse a seus acusadores, e acrescentou que Deus haveria de revelar a verdade após sua morte. Isso pode ter produzido forte impressão e, é claro, o fato de ela ser mãe do astrólogo do imperador deve ter contribuído igualmente para a suspensão final das acusações.

Talvez Kepler tenha sido a primeira pessoa a escrever um romance de ficção científica sobre extraterrestres. Em *Somnium,* escrito em 1609 mas publicado somente em 1634, ele escreveu sobre uma viagem à Lua. Esta é dividida em dois hemisférios; o lado sempre voltado para a Terra é chamado Subvolva, enquanto o lado oposto é chamado Privolva. As duas regiões são habitadas, respectivamente, pelos relativamente mais civilizados subvolvanos e pelos nômades privolvanos.

O romance está longe de ser uma obra literária comum. Foi escrito para outros cientistas, no intuito de convencê-los da validade do sistema copernicano. Para esse fim, Kepler insere um tratado astronômico no livro. Um jovem chamado Duracotus tem uma mãe que é feiticeira. No interesse do filho, ela invoca um espírito sábio que faz uma preleção sobre astronomia ao mesmo tempo em que discute também tópicos associados às viagens espaciais, à geografia da Lua e a seus habitantes.

Quando não estava escrevendo ficção científica, defendendo a mãe contra acusações de bruxaria ou calculando horóscopos, Kepler levava adiante seu trabalho científico. Um livro de tabelas de movimentos planetários baseadas na observações de Tycho e em sua teoria das órbitas elípticas foi publicado em 1627. A precisão dessas tabelas contribuiu de maneira significativa para que a idéia de um sistema solar centrado no Sol ganhasse aceitação entre os cientistas. Ao mesmo tempo, graças aos esforços de Galileu e de outros, ele tornou-se conhecido também por um público mais amplo. Já em 1611, John Donne, admitindo que as idéias copernicanas "podem muito bem ser verdadeiras", acrescentou que elas estavam "se insinuando na mente de todo homem". Durante o mesmo ano, em seu poema "An Anatomy of the World", ele afirmou que a "a nova Filosofia põe tudo em questão".

Referia-se, é claro, à nova cosmologia, que removera a Terra do centro do universo e a convertera num planeta.

O TELESCÓPIO DE GALILEU

Em 1609, Galileu ouviu falar que um "certo holandês"[1] havia construído um instrumento que ampliava as imagens de objetos distantes. Em poucos meses conseguiu descobrir como tal instrumento poderia ser construído e fabricou seu próprio telescópio. O primeiro que fez propiciava um aumento de oito vezes. Ele foi rapidamente seguido por um que produzia uma ampliação de cerca de 20 vezes e depois por um instrumento capaz de um aumento de 30 vezes. Depois de fazer este último, Galileu começou a utilizá-lo no estudo dos fenômenos celestes. Ao que parece, foi a primeira pessoa a ter a idéia de apontar um telescópio para as estrelas. Tão logo começou, passou a fazer toda uma série de descobertas importantes. Descobriu quatro das luas de Júpiter. Observou manchas solares e constatou que o planeta Vênus tinha fases como as da Lua.

Galileu era um ardoroso adepto do sistema copernicano e tirou grande proveito dessas descobertas. Mas, embora elas fizessem a teoria heliocêntrica parecer mais plausível, não provavam realmente sua validade. O fato de Júpiter ter satélites mostrava que havia no sistema solar corpos que não giravam em torno da Terra. Isso não provava, no entanto, que a Terra girava em torno do Sol. Da mesma maneira, embora a existência das fases de Vênus fosse incompatível com os antigos sistemas pré-copernicanos, sua descoberta não contrariava a teoria de Tycho, que também punha a Terra no centro do sistema solar.

Na verdade, as idéias astronômicas de Galileu representavam um passo atrás em relação às de Kepler. Galileu não aceitava a realidade das elipses de Kepler. Sustentava que, sendo o movimento circular o mais natural, os planetas tinham de ter órbitas circulares. Mas Galileu não se ocupava muito com detalhes. Em seu livro *Diálogo sobre os dois principais sistemas do mundo,* publicado em 1632, ele fala de

---

1 O polidor de lentes alemão-holandês Hans Lippershey.

órbitas circulares sem fazer qualquer referência ao fato de que, nessas circunstâncias, o sistema copernicano exigia o uso de epiciclos e excêntricos.

Ainda assim, Galileu provavelmente fez mais que Kepler para promover a causa da nova astronomia. Kepler escreveu basicamente para outros astrônomos e suas idéias se disseminaram lentamente dentro da relativamente pequena comunidade científica. As notícias das idéias de Galileu e de suas descobertas astronômicas, em contrapartida, se espalharam rapidamente por toda a Europa. Essa era obviamente a sua intenção; por exemplo, ele escreveu o *Diálogo* em italiano e não em latim para assegurar que seu livro alcançasse o público mais amplo possível.

Em 1633, ano seguinte ao da publicação do *Diálogo*, Galileu foi intimado a se apresentar perante as autoridades eclesiásticas em Roma, onde foi levado a julgamento e obrigado a se retratar. Apesar disso sua influência foi imensa. Em 1835 o *Diálogo* foi traduzido para o latim. A partir de então, pôde ser lido por pessoas instruídas de todos os países europeus. Se o julgamento e a abjuração de Galileu tiveram algum efeito, foi o de tornar *démodé* não ser copernicano.

O *Diálogo* pouco fez para provar a verdade do sistema copernicano. Galileu conseguiu tornar a idéia de um sistema solar heliocêntrico plausível, mas não fez a teoria avançar e nenhum de seus argumentos constituía prova. Seu livro, no entanto, foi influente e persuasivo. Seus argumentos praticamente demoliram a cosmologia aristotélica em que a velha astronomia se baseava. Alem disso, ele mostrou que a concepção de uma Terra em movimento era perfeitamente razoável do ponto de vista da física. Mostrou, por exemplo, que era errada a idéia de que um objeto que caía de uma elevação sobre uma Terra em movimento não tombaria verticalmente. Anticopernicanos haviam afirmado que tal objeto se atrasaria em relação a uma Terra que girava rapidamente sob ele e pareceria mover-se para o oeste. Galileu mostrou que ele participaria do movimento da Terra e se moveria numa trajetória vertical. Reforçou seu argumento com a analogia de um objeto que se deixa cair de um mastro num navio em movimento. Tal objeto cairia diretamente no convés; não ficaria aquém do navio. Da mesma maneira, explicou que era falsa a idéia de que uma Terra em movimento criaria fortes ventos perpetuamente. O ar era transportado junto com a Terra quando ela girava.

Algumas das idéias propostas no *Diálogo* são espantosamente erradas. Embora soubesse que a atmosfera seria transportada junto com a

Terra, Galileu parece ter acreditado que isso nem sempre se aplicaria aos oceanos. Tentou provar que as marés eram resultado da rotação da Terra. Segundo ele, os efeitos combinados da rotação da Terra e de seu movimento em torno do Sol faziam os mares se espargirem para trás e para frente em suas bacias, levando seus níveis a subir e baixar. Na verdade, as marés são causadas pela influência gravitacional da Lua e, em menor medida, do Sol. Isso era algo que Kepler intuíra.

Mas talvez Galileu possa ser perdoado por sua equivocada teoria das marés. Em seu tempo, pouco se sabia sobre a gravidade. Antes que Newton apresentasse sua teoria da gravitação, ninguém teria sido capaz de demonstrar conclusivamente como as marés se produziam. Afinal de contas, tem-se de concluir que, apesar de seus defeitos, *Diálogo sobre os dois principais sistemas do mundo* é não apenas uma obra notável como uma das mais eficazes armas de propaganda na história da ciência. Foi Galileu, não Kepler, quem mais contribuiu para tornar a teoria heliocêntrica mais aceita.

UM UNIVERSO INFINITO?

Quando virou seu telescópio para o céu, Galileu descobriu numerosas novas estrelas pálidas demais para serem vistas a olho nu. Quando telescópios mais potentes foram construídos, os astrônomos descobriram mais estrelas ainda. Isso logo deu origem à idéia de que o número de estrelas devia ser ilimitado. Se as estrelas tivessem todas o mesmo brilho intrínseco (suposição que não é verdadeira, mas que parecia razoável na época), as novas estrelas indistintas deviam estar mais distantes da Terra que aquelas vistas a olho nu. Como não havia razão para pensar que esse processo teria fim, era concebível que o universo fosse infinito.

Essa linha de raciocínio não é de todo irrecusável. Era também possível que todas as estrelas estivessem contidas numa esfera finita, ainda que imensamente grande. Contudo, no final do século XVII, a idéia de um universo infinito ficou muito difundida. Até Galileu, que tinha um certo horror de magnitudes infinitas, inclinava-se por essa opinião.

No *Diálogo*, Galileu afirma que não havia sido provado se o universo era infinito ou finito. Declara então estar disposto a aceitar um universo finito para efeito de argumentação. Em seguida, o assunto é rapidamente abandonado. No entanto, numa carta que escreveu em

1639 a Fortunio Liceti, professor da Universidade de Pádua, Galileu se expressou de modo um tanto diferente. Nessa carta, afirmou novamente não acreditar que a questão pudesse ser conclusivamente resolvida. E então acrescentou que pessoalmente ele se inclinava pela idéia de um universo infinito.

O raciocínio de Galileu sobre essa questão é revelador. Ele escreveu que não era capaz de conceber nem um universo finito e limitado, nem um universo infinito e ilimitado. Acrescentou então que o fato de o infinito não poder ser compreendido pelo intelecto finito da humanidade o levava a preferir a segunda possibilidade. Ficar perplexo ante o incompreensível era preferível a se ver incapaz de compreender o finito. Há uma notável diferença entre esse ponto de vista e as idéias que Bruno expressara. Para Bruno, o infinito não era em absoluto desconcertante.

A LEI DA GRAVIDADE

Em sua célebre obra *Philosophiae naturalis principia mathematica* (Princípios matemáticos de filosofia natural), escrita em latim e publicada em 1687, Isaac Newton teve condições de mostrar que era possível explicar os movimentos celestes admitindo que os corpos astronômicos se atraíam uns aos outros com forças inversamente proporcionais ao quadrado de sua distância. Por exemplo, se a distância fosse aumentada por um fator de 2, a força entre os dois corpos seria 1/4 maior, porque 4 é o quadrado de 2 (isto é, 2 x 2 = 4). Da mesma maneira, se a distância fosse aumentada por um fator de 3, a atração gravitacional seria 1/9 maior (porque 3 x 3 = 9).

A contribuição capital de Newton não foi, contudo, a invenção de uma lei da gravitação do inverso do quadrado. Seus contemporâneos, o cientista inglês Robert Hook e o arquiteto Christopher Wren, também perceberam que a lei da gravidade teria de ter essa forma. Se a descoberta da lei da gravidade é geralmente atribuída a Newton, é porque ele foi o único a possuir as habilidades matemáticas necessárias para demonstrar que, se a gravidade realmente decrescia com o quadrado da distância, disso se seguia que os planetas tinham órbitas correspondentes às elipses de Kepler.

Newton nunca se apressou em publicar seus resultados. Segundo uma história muito repetida, num dia de 1684 ele recebeu a visita do astrônomo Edmond Halley. Este lhe perguntou que tipo de órbita um planeta teria se a força da gravidade variasse de fato segundo uma lei do inverso do quadrado.* Newton imediatamente respondeu que seria uma elipse. Quando um assombrado Halley perguntou como sabia, Newton respondeu: "Já calculei isso." Mas quando Halley lhe pediu para ver os cálculos, Newton foi incapaz de encontrá-los entre seus papéis.

Como assinala Richard Westfall, seu biógrafo, a incapacidade de Newton para encontrar seus cálculos foi provavelmente uma farsa. Com certeza ele queria verificar seus cálculos — que haviam sido feitos muitos anos atrás — antes de permitir que mais alguém os visse. Seja como for, Halley logo recebeu de Newton um tratado de nove páginas intitulado *De motu corporum in gyrum* (Do movimento dos corpos em órbita). Halley reconheceu imediatamente sua importância.

Tendo composto *De motu*, Newton foi tomado pelo desejo de escrever um livro tratando dos problemas do movimento e da dinâmica do sistema solar de uma maneira mais abrangente. Completou sua monumental obra, *Principia*, em 18 meses e enviou-a para a Royal Society em 1686. Nesse ponto, Halley novamente desempenhou um papel fundamental. Foi por sugestão sua que a Sociedade decidiu tomar a si a publicação do livro. Esse gesto de Halley quase lhe custou o emprego. Na época ele era funcionário da Sociedade e não se admitia que empregados da sua estatura propusessem grandes projetos. No final, tudo deu certo. Os *Principia* foram publicados em 1687 e Halley conservou seu emprego.

A ARGUMENTAÇÃO DE NEWTON EM PROL DE UM UNIVERSO INFINITO

A principal preocupação de Newton nos *Principia* foi fornecer demonstrações matemáticas precisas, e não especular sobre temas como a natureza infinita ou finita do universo. No entanto, fica claro que ele acreditava que o universo era infinito. Em seu livro *Óptica*, que

---

* A força gravitacional entre dois corpos massivos é sempre atrativa e é proporcional ao produto das massas dos corpos e inversamente proporcional ao quadrado da distância que os separa. Matematicamente ela é expressa por $F = GMm/r^2$, onde M e m são as massas dos dois corpos respectivamente e r a distância que os separa. G é uma constante (a constante gravitacional). Esta é a lei do inverso do quadrado, proposta por Newton e que é a base das teorias de gravitação. (N.R.)

foi escrito em inglês e se destinava a um público mais amplo, ele descreveu o universo de uma maneira que lembrava a de Bruno. Como Bruno, ele acreditava que o espaço infinito era preenchido por um Deus onipresente. Em uma edição, chegou a qualificar o universo infinito de "o sistema sensorial de Deus", afirmação que foi ridicularizada pelo filósofo alemão Gottfried Wilhelm von Leibniz. Newton deve ter estremecido ao ouvir falar da risada de Leibniz. Na época, os dois homens estavam envolvidos numa acrimoniosa disputa em torno de qual deles fora o inventor do cálculo.

Na *Óptica*, Newton não apresentou nenhum argumento em defesa de um universo infinito. Para isso, temos de nos voltar não para seu trabalho publicado, mas para uma carta. Escrendo ao clérigo inglês Richard Bentley em 1692, Newton argumentou em favor de um universo infinito. Se o universo fosse finito, disse ele, a gravidade faria toda a matéria do universo se acumular no seu centro. Num universo infinito, por outro lado, todo corpo individual experimentaria forças gravitacionais em todas as direções. Se a matéria estivesse mais ou menos uniformemente distribuída, essas forças seriam mais ou menos iguais, e ela não seria atraída em nenhuma direção particular.

Parece bastante simples pensar que, se o universo fosse finito, um corpo próximo da sua borda experimentaria pouca ou nenhuma força para fora, ao passo que experimentaria forças gravitacionais puxando-o para dentro. No entanto, o argumento é incorreto. O que se vê é que mesmo grandes intelectos podem ficar confusos quando consideram números infinitos de objetos. Se houvesse um número infinito de estrelas dispersas de maneira mais ou menos uniforme pelo espaço, um minúsculo excesso de matéria numa região ou noutra seria o suficiente para fazê-las aglomerar-se.

Observações astronômicas atuais revelaram que nosso universo tem exatamente essa estrutura grumosa. As estrelas estão aglomeradas em galáxias. As galáxias se juntaram em aglomerados de galáxias. Estas últimas, no entanto, permanecem estáveis ao longo de períodos de muitos bilhões de anos. Um colapso adicional é impedido pela sua rotação. As estrelas individuais giram em torno do centro galáctico da mesma maneira como os planetas do sistema solar giram em torno do Sol.

No tempo de Newton, é claro, a existência das galáxias ainda não fora descoberta. Os astrônomos conseguiam observar apenas as estrelas de nossa própria Via Láctea. Até onde sabiam, as estrelas pareciam de fato estar distribuídas de maneira mais ou menos uniforme pelo espaço. Assim, a argumentação de Newton tinha certa plausibilidade, que hoje perdeu.

O PARADOXO DE OLBERS

Até o final do século XVII, ninguém encontrara nenhum argumento irrefutável em favor de um universo infinito. Muitas pessoas haviam concluído que isso era impossível. Conceber o infinito era uma coisa; observá-lo era outra. Afinal, ninguém era capaz de olhar para uma distância no espaço ou de contar um número infinito de estrelas.

Mas talvez o universo não fosse infinito. Nesse caso, poderia alguém encontrar um argumento convincente que demonstrasse ser ele finito? Halley achava que tinha um. Em 1720, afirmou que, se o universo fosse realmente infinito, o céu seria tão brilhante quanto a superfície do Sol. Num universo infinito, com um número infinito de estrelas, não haveria um lugar no céu para o qual pudéssemos olhar sem que nossa linha de visão incidisse numa estrela ou noutra. Um número infinito de estrelas não produziria um céu infinitamente luminoso; quanto mais distantes elas estivessem, mais pálidas pareceriam. Mas ainda assim a luz que produziriam seria enorme.

Esse argumento não se originou com Halley. Havia sido previamente expresso por Thomas Digges e pelo astrônomo suíço Jean-Philippe de Cheseaux. Ironicamente, nem Cheseaux nem Halley acabaram obtendo reconhecimento pela idéia. Atualmente o argumento é conhecido como o paradoxo de Olbers, em memória do astrônomo alemão Heinrich Olbers, que o enunciou novamente em 1826.

O paradoxo de Olbers não é de fácil solução, embora à primeira vista dê essa impressão. Atualmente, os cientistas acreditam que o universo começou num *big bang* que ocorreu aproximadamente 15 bilhões de anos atrás. Se isso for verdade, ainda que o universo seja infinito, a luz de um número infinito de estrelas não pode chegar à Terra. Na melhor das hipóteses, podemos ver somente aquelas que estão a menos de 15 bilhões de anos-luz de distância. Isso é uma decorrência da definição de ano-luz: a distância que um raio de luz percorre em um ano. A primeira pessoa a sugerir essa solução para o paradoxo talvez tenha sido Edgar Allan Poe. Em 1848 ele sugeriu que, quando olhamos para longe no espaço e para trás no tempo, talvez estejamos vendo a escuridão que existia antes que as estrelas fossem criadas.

Mas se o universo começou com um *big bang*, um novo problema surge. Onde quer que olhássemos no céu, deveríamos ver a luz vinda da bola de fogo do *big bang*. Afinal, a bola de fogo foi algo que existiu em toda parte. Ela encheu o universo. Mas este é um problema a que terei de retornar mais tarde, quando discutir o universo em expansão.

4

O INFINITAMENTE PEQUENO

"O universo (que outros chamam de a Biblioteca) é composto de um número indefinido e talvez infinito de galáxias hexagonais..." Assim começa o conto de Borges "A biblioteca de Babel". Em cada hexágono de sua biblioteca infinita (o narrador logo nos diz preferir acreditar que ela é infinita), há 20 prateleiras, cada uma contendo 35 livros de 410 páginas. A biblioteca, que existe desde toda a eternidade e que continuará a existir por todo o futuro infinito, contém todos os livros de 410 páginas possíveis. Todas as combinações de letras concebíveis existem em algum livro. O resultado é que a maioria dos volumes é ininteligível. Há um livro, por exemplo, em que as letras MCV se repetem do princípio ao fim. Um outro é constituído pelo que parece ser um agrupamento aleatório de letras, salvo pelas palavras "Oh regula tuas pirâmides", encontradas na página que se segue à última.

Alguns livros são menos sem sentido que outros. O narrador de Borges nos fala de um, encontrado 500 anos antes de seu tempo, que continha quase duas páginas de linhas com sentido. De início pensou-se que essas linhas estavam escritas em português, pelo menos foi o que declarou um "decodificador errante". Outros não tinham tanta certeza; afirmavam que as palavras eram iídiche. Por fim, especialistas determinaram a verdadeira natureza da língua. Tratava-se de um dialeto samoiédico-lituano do guarani, com inflexões árabes clássicas.

No segundo parágrafo da história, o narrador declara, parodiando o dito medieval acerca de Deus: "A Biblioteca é uma esfera cujo centro exato é qualquer de seus hexágonos e cuja circunferência é inacessível." Na conclusão, volta a afirmar que o universo (a Biblioteca) é infinito, e tenta rebater as objeções dos que apontam que o número de livros de 410 páginas, embora muito grande, não é infinito. "A Biblioteca é ilimitada e cíclica", ele afirma. Se fosse possível viajar através dela em qualquer direção, acrescenta, iríamos acabar chegando a um lugar em que os mesmos volumes começariam a se repetir na mesma ordem.

A concepção da biblioteca de Borges lembra a teoria estóica dos ciclos cósmicos, com a diferença de que desta vez é o espaço, não o tempo, que é cíclico. Além disso, Borges parece ter antecipado os cosmólogos atuais, que mostram ser possível, embora não muito provável, que nosso universo tenha uma estrutura semelhante. No entanto, uma idéia que Borges expressa numa nota de pé de página bem no final da história me parece ainda mais interessante. Essa biblioteca infinita, diz ele, poderia ser substituída por um único livro contendo um número infinito de páginas infinitamente finas.

Essa idéia é uma variante de uma sugestão feita no início do século XVII, quando o matemático italiano Bonaventura Cavalieri concebeu os corpos sólidos como feitos de números infinitos de planos. Segundo ele, um cilindro podia ser pensado como feito de um número infinito de discos circulares infinitamente finos, ao passo que um cubo se comporia de um número infinito de quadrados infinitamente finos. Os antigos matemáticos gregos haviam, é claro, concebido uma linha como composta de um número infinito de pontos, de modo que a idéia não era de todo nova. Cavalieri foi original, contudo, ao descobrir maneiras de usar a idéia na efetuação de cálculos matemáticos.

Mas essas considerações suscitam toda uma série de questões. Por exemplo, será realmente possível falar de quantidades infinitamente pequenas? Seria realmente possível somá-las de modo a obter um resultado finito? Quais seriam exatamente essas coisas? Seriam as quantidades infinitamente pequenas iguais a zero em certo sentido? Ou teriam elas dimensões maiores que zero, mas menores que qualquer quantidade finita? Quando se divide um número pelo infinito, o resultado é zero? Ou alguma quantidade infinitesimal?

CORPOS EM QUEDA

Segundo uma história contada pela primeira vez por Vincenzo Viviani, discípulo de Galileu, muito tempo após a morte do mestre, este realizou certa vez uma demonstração em que deixou cair dois pesos da inclinada Torre de Pisa. Supostamente, teria feito isso para demonstrar que tanto o peso mais leve quanto o mais pesado bateriam no chão ao mesmo tempo.

Hoje, os estudiosos concordam que é improvável que qualquer demonstração semelhante tenha jamais ocorrido. Se um experimento como esse fosse realizado, os pesos não bateriam no chão exatamente no mesmo instante. Pois, se um peso leve e um pesado tombarem de uma elevação, o pesado baterá no chão primeiro. A diferença entre os tempos que os dois objetos levam para cair não será grande. No entanto, o pesado será menos retardado pela resistência do ar.* Somente num vácuo todos os objetos caem na mesma velocidade.

O comportamento dos corpos em queda foi um tema de grande interesse para Galileu. Ele não fez, contudo, experimentos com objetos mediante a observação de sua queda vertical. Quando se deixa um objeto cair, tudo acontece depressa demais. Não se pode discernir se o objeto adquire instantaneamente alguma velocidade no instante em que é solto, ou se começa com velocidade zero e depois começa a se mover cada vez mais depressa. Se o objeto está se acelerando durante a queda, como determinar com que rapidez está caindo em qualquer momento dado?

Antes de poder realizar experimentos sobre o comportamento de corpos em queda, Galileu precisou encontrar algum meio de "diluir" os efeitos da gravidade. Conseguiu isso fazendo uso de planos inclinados. Se uma bola puder rolar por um plano com algum grau de inclinação acima da horizontal, ela continuará sujeita aos efeitos da gravidade, mas sua "queda" ocorrerá em câmara lenta. Por exemplo, se uma bola for solta de uma altura de 1,80 metro, chegará ao chão em um pouco mais de seis décimos de segundo. Mas levará quase nove segundos para rolar por um plano com quatro graus de inclinação.

Galileu foi um dos primeiros cientistas a efetuar experimentos no intuito de estudar o comportamento real de objetos no mundo natural. Em seu tempo, quando o pensamento aristotélico dominava as universidades, isso era algo bastante inusitado. Quando um "cientista" queria saber, por exemplo, como um corpo em queda se comportava, tentava

---

* Na realidade, devemos considerar não só a força gravitacional (peso) e a força de atrito viscoso (resistência do ar), que depende da forma do corpo. Existe uma terceira força que está relacionada com o volume de ar deslocado pelo corpo (ou seja, pelo volume). Esta força é o empuxo, que é igual ao peso de ar deslocado pelo corpo. O empuxo é sempre oposto ao peso. No ar o empuxo pode parecer desprezível, mas é ele que permite que um balão de ar quente suba no ar. Já em outros fluidos ele é claramente visível: nós boiamos na água por causa da força de empuxo. (N.R.)

descobrir investigando o que Aristóteles dizia sobre a matéria, ou usava princípios aristotélicos para fazer deduções. Assim, pensava-se em geral que os corpos pesados sempre caíam mais depressa que os leves: Aristóteles dissera que o faziam.

Embora fosse um grande cientista, Galileu não encarava a experimentação com o rigor de um físico moderno. De fato, não era incapaz de cometer uma pequenina fraude piedosa. Por vezes relatava resultados bons demais para serem verdadeiros; a precisão descrita era maior que tudo que se teria podido alcançar com os instrumentos disponíveis na época. Em outras ocasiões, discutiu experimentos que os especialistas pensam que ele não realizou. Ao que parece, Galileu acreditava que, quando sabia em que um experimento iria resultar, não havia necessidade de fazê-lo realmente.

Apesar disso, ele conseguiu chegar a conclusões corretas. Após lutar durante anos com o problema dos corpos em queda, conseguiu finalmente encontrar as fórmulas matemáticas que descreviam a queda de um objeto. Descobriu que a velocidade em qualquer momento dado era proporcional ao tempo durante o qual um objeto estivera caindo, e que a distância percorrida por um objeto em queda era proporcional ao quadrado do tempo. Por exemplo, um objeto que já viesse caindo havia três segundos estaria se movendo três vezes mais depressa que outro que estivesse caindo há apenas um segundo. E em três segundos um objeto transporia uma distância nove vezes maior do que em um segundo (porque $3^2 = 9$).

Para leitores mais modernos, determinar as leis que governam o comportamento dos corpos em queda provavelmente não soa como um problema difícil. Mas na verdade era. Em primeiro lugar, supunha-se em geral na época de Galileu que, em qualquer momento, a velocidade de um objeto em queda era proporcional à distância que percorrera. O próprio Galileu endossou esse erro durante muitos anos, acreditando, por exemplo, que um corpo que caiu 1,5 metro estaria se movendo cinco vezes mais depressa que outro que tivesse caído 30 centímetros. Depois de perceber que seu pressuposto estava errado, ele teve de descobrir as leis corretas do movimento acelerado. Um corpo em queda está acelerado porque não se move com uma velocidade constante. Em qualquer instante do tempo, move-se um pouco mais depressa do que o fizera num instante ligeiramente anterior. Esse tipo de movimento é mais difícil de analisar do que aquele em que a velocidade permanece sempre a mesma.

VELOCIDADE INSTANTÂNEA

Quando um enigma científico é resolvido, surgem muitas vezes questões novas, mais profundas. Depois que conseguiu encontrar uma descrição correta para o comportamento dos corpos em queda, Galileu se viu em face de um novo problema. É fácil compreender e medir velocidades médias. Se um objeto cai 5 metros em um segundo, sua velocidade média é 5 metros por segundo. No entanto, o objeto terá também uma velocidade instantânea em qualquer momento dado. Após um décimo de segundo, ele estará se movendo com alguma velocidade específica. Após quatro décimos de segundo, estará se movendo com outra velocidade. Mas estava longe de ser óbvio para Galileu como a velocidade instantânea deveria ser definida.

Para entender por que isso é um problema, considere o seguinte experimento. Suponha que deixemos uma bola de beisebol cair da Torre de Pisa. Queremos determinar exatamente em que velocidade ela está caindo depois de transcorrido exatamente um segundo. Assim, fotografamos a bola num instante e depois novamente um décimo de segundo depois. As fotografias mostram a extensão da queda da bola durante esse período de tempo. Podemos então dividir a extensão percorrida em metros pelo tempo transcorrido em segundos para obter uma velocidade (metros por segundo). Infelizmente, isso dá somente a velocidade média durante aquele décimo de segundo. Portanto, repetimos o experimento. Desta vez fotografamos a bola em dois instantes separados por um milésimo de segundo. Novamente, porém, obtemos somente uma velocidade média. Afinal, a bola estava se movendo mais depressa depois de transcorrido aquele milésimo do que no início desse período de tempo. Mesmo que fotografemos a bola em dois instantes separados por um bilionésimo (isso não poderia ser feito na realidade, mas em experimentos mentais tudo é possível), ainda teríamos somente uma velocidade média. Obviamente, esse seria um resultado acurado, mas ainda não seria precisamente igual à velocidade instantânea da bola num tempo de exatamente um segundo.

O problema desconcertou Galileu. Um objeto em queda tem de ter uma velocidade definida em todos os pontos de sua queda. Velocidades médias podem ser especificadas para períodos de tempo cada vez menores. Mas se quisermos saber o que está acontecendo em algum instante particular, o método falha. Uma bola cairá zero metro em zero segundo. Isso não nos dá velocidade nenhuma. Afinal de contas, o número $^0/_0$ não tem qualquer sentido. Temos uma situação que lembra o paradoxo de Zenão "A flecha", em que Zenão afirmava que o movimento era impossível porque em qualquer instante dado uma flecha estava imóvel.

INFINITÉSIMOS

Talvez a melhor maneira de lidar com o conceito de velocidade instantânea fosse dizer que a bola cai ao longo de uma distância infinitamente pequena num período de tempo infinitamente pequeno. Como veremos, isso é exatamente o que foi feito. Houve quem perguntasse se isso realmente resolveu o problema, já que não era assim tão fácil dizer exatamente o que era uma quantidade infinitamente pequena. Contudo, a idéia levou ao desenvolvimento de novos métodos matemáticos poderosos que puderam ser usados para descrever o comportamento de corpos cujas velocidades mudavam constantemente.

Esses métodos não ficaram disponíveis imediatamente. Antes que isso pudesse acontecer, foi preciso preparar o terreno. Isso aconteceu muito lentamente. Os cientistas levaram muitos anos para desenvolver métodos viáveis. O conceito do infinitamente pequeno era tão novo e estranho que os cientistas tiveram de aprender a ficar à vontade com ele.

Um dos primeiros a fazer uso de quantidades infinitamente pequenas, ou dos infinitésimos, como mais tarde passaram a ser chamados, foi Cavalieri, um matemático jesuíta que se considerava discípulo de Galileu. Cavalieri mostrou que era possível calcular os volumes de corpos sólidos mediante a suposição de que eram feitos de números imensos de lâminas infinitamente finas que chamou de "indivisíveis". Já dei dois exemplos desse procedimento, observando que um cilindro poderia ser visto como composto de um número infinito de discos infinitamente finos.

Cavalieri nunca disse exatamente o que era um indivisível e seus métodos foram extremamente criticados por seus contemporâneos. Ele não conseguiu explicar como um corpo de tamanho finito podia ser formado por um número infinito de elementos e por vezes definiu sua inovação como um mero procedimento pragmático que permitia evitar o uso de métodos matemáticos mais complicados. Mas, embora não pudesse dar nenhuma explicação clara do que era que estava fazendo, deu um dos primeiros passos em direção ao conceito de infinitésimo.

Os métodos de Cavalieri atraíram o interesse de alguns pensadores, entre eles o matemático e físico francês (e autor do famoso *Pensées*) Blaise Pascal. Segundo Pascal, o método dos indivisíveis era perfeitamente coerente com a geometria grega clássica; o que podia ser demonstrado com um método, podia sê-lo também com o outro. Qualquer matemático que quisesse se qualificar de geômetra, dizia Pascal, era obrigado a aceitar a técnica de Cavalieri.

Pascal não foi o único matemático a utilizar os indivisíveis de Cavalieri. Houve outros, entre os quais o matemático francês Pierre de Fermat e o matemático de Oxford John Wallis. Fermat era um conselheiro do parlamento de Toulouse que se dedicava à matemática por diletantismo. Tinha o hábito de anotar suas descobertas matemáticas nas margens dos livros. Mas sua obra sobre os infinitésimos permaneceu desconhecida, já que ele não se deu ao incômodo de publicá-la. O trabalho de Wallis, que foi um dos fundadores da Royal Society, foi muito mais significativo. Ele o publicou, e sua obra foi intensamente estudada por Newton.

O ÚLTIMO DOS MAGOS

"Newton não foi o primeiro de uma era de razão", disse o economista britânico John Maynard Keynes num ensaio escrito para as celebrações do tricentenário de Newton em 1942. "Ele foi o último dos magos, o último dos babilônios e sumérios, a última grande mente a contemplar o mundo visível e o intelectual com os mesmos olhos daqueles que começaram a construir nossa herança intelectual pouco menos de 10.000 anos atrás." Prosseguindo, Keynes afirmou que Newton contemplava o mundo natural como um enigma criado por Deus, um enigma que se podia resolver encontrando as "pistas místicas que Deus deixara aqui e ali".

Keynes sem dúvida tinha razão. Embora Newton seja lembrado atualmente como um grande cientista, durante sua vida dedicou à realização de experimentos alquímicos muito mais tempo do que jamais reservou para seu trabalho em física ou suas descobertas matemáticas. Ao morrer, deixou manuscritos que continham textos sobre alquimia e teologia com mais de um milhão de palavras. Somente uma pequena parcela desses escritos foi publicada.

Se Galileu foi acusado de heresia por defender uma teoria científica, Newton era realmente um herege. Ele negava a Santíssima

Trindade e, embora acreditasse que Cristo havia sido mais que um homem, considerava-o subordinado a Deus Pai. Naturalmente, manteve essas crenças em segredo. Se elas viessem a público, ele não seria processado, mas perderia sua cátedra em Cambridge e seria proscrito pela sociedade britânica. É significativo que, quando o Parlamento Britânico aprovou uma lei em 1673 permitindo o culto público por parte de protestantes dissidentes, esse privilégio tenha sido especificamente negado a "qualquer pessoa que negue em sua Pregação ou seus Escritos a Doutrina da Santíssima Trindade".

E duvidoso, contudo, que as preocupações alquímicas e teológicas de Newton tenham estorvado seu trabalho científico, pois ele se entregava à ciência com uma intensidade incomum. Quando estava trabalhando num problema científico ou matemático, muitas vezes se esquecia de comer e de vez em quando se esquecia de dormir também. Em mais de uma ocasião, atravessou a noite debruçado sobre um problema, sem perceber o passar das horas. Ele tampouco se dava conta do fato de que algumas das coisas que fazia podiam ferir o corpo. Quando estava trabalhando em problemas relativos à visão e à natureza da luz, fitava o sol no intuito de observar as pós-imagens que apareciam quando desviava o olhar. Em outra ocasião, inseriu um furador — instrumento semelhante a uma agulha — entre o olho e a órbita. Queria ver o que aconteceria se fizesse pressão sobre o globo ocular, de modo a alterar a curvatura da retina.

FLUXÕES

Newton foi o inventor da técnica matemática atualmente chamada "cálculo diferencial". Numa atitude bem típica dele, não se preocupou em publicar seu trabalho. Em conseqüência, viria a se envolver numa acrimoniosa disputa com Leibniz, que descobriu o cálculo diferencial independentemente. A refrega perdurou durante anos, prosseguindo mesmo depois da morte de Leibniz em 1716. Newton e Leibniz foram ambos acusados de plágio. Membros da facção britânica acusavam Leibniz de ter furtado a idéia de Newton. Os matemáticos do continente, que em geral apoiavam Leibniz, acusavam Newton de ter desenvolvido seu método das fluxões imitando o trabalho do rival alemão.

Hoje, o mérito de ambos é reconhecido. É a versão de Leibniz do cálculo, porém, que é mais freqüentemente usada. Embora os métodos de Newton e Leibniz fossem equivalentes, o segundo conseguiu dar ao cálculo uma forma que tornava mais fácil efetuar as operações, e sua notação superior é usada ainda hoje. Até a terminologia de Newton se extinguiu por completo. Hoje, ninguém se refere ao cálculo como o método das fluxões, exceto em obras que tratam da história da matemática.

Como muitas idéias matemáticas e científicas, o cálculo diferencial tem uma base muito simples. Newton resolveu o problema da velocidade instantânea definindo-a como a razão de duas quantidades tendentes a zero, dois infinitésimos. Generalizou então o seu método observando que era possível falar da razão de quaisquer duas quantidades infinitesimais. A idéia era nova porque, embora muitos matemáticos tivessem feito cálculos em que infinitésimos eram "somados" para produzir uma soma finita, ninguém havia pensado em ver o que aconteceria se um infinitésimo fosse dividido pelo outro.

Se o que Newton fez tivesse sido apenas criar uma definição, pouco ou nada teria sido realizado. Afinal, embora se tivessem provado úteis, os infinitésimos continuavam sendo quantidades suspeitas. Até então, ninguém havia encontrado um meio de defini-los adequadamente. O que Newton fez foi encontrar meios para o uso de infinitésimos para efetuar cálculos. Foi o cálculo, por exemplo, que lhe permitiu determinar que, se a gravidade seguia uma lei do inverso do quadrado, as órbitas dos planetas seriam elipses. E foi o cálculo que lhe permitiu chegar à importante conclusão de que a força gravitacional criada por um corpo massivo seria a mesma se toda a sua massa estivesse concentrada em seu centro. Sem esse resultado, a lei da gravitação de Newton teria sido realmente algo de difícil manejo.

O cálculo representou um avanço notável porque deu aos cientistas um método para lidar com o comportamento de corpos que não se moviam com velocidades constantes, como pesos em queda ou planetas orbitando. Além disso, podia ser usado para descrever o comportamento de *qualquer* quantidade que variasse no tempo. Por exemplo, Newton o utilizou para determinar de que modo os corpos quentes esfriavam. Um objeto quente não perde calor para seu ambiente numa taxa constante. Um pedaço de ferro aquecido ao rubro desprende muito mais energia em qualquer período dado de tempo que outro que tenha esfriado até ficar apenas morno. É preciso usar o cálculo para descrever o que está se passando.

Além disso, o cálculo pode ser usado para descrever quantidades que variam no espaço também. Um campo magnético, por exemplo, é mais forte em pontos próximos de um dos pólos de um magneto e mais fraco a distâncias maiores. Antes que Newton e Leibniz fizessem suas descobertas, não havia nenhuma maneira simples de lidar matematicamente com essas quantidades variáveis. A invenção do cálculo diferencial deve ser considerada uma das mais importantes descobertas matemáticas de todos os tempos.

MAS O QUE É UM INFINITÉSIMO?

Poderíamos definir a velocidade instantânea como a razão de dois infinitésimos, uma distância tendente a zero dividida por um tempo tendente a zero. Essa idéia se provou inestimável. Mas que eram, exatamente, essas quantidades? Ninguém era capaz de dizer, nem mesmo Leibniz e Newton.

Newton fez várias tentativas diferentes para definir infinitésimos, mas nenhuma foi muito precisa. Numa ocasião, referiu-se a elas como indivisíveis últimos, em outra como "quantidades divisíveis evanescentes", e em outra ainda como "incrementos nascentes". Ao escrever os *Principia*, ele chegou a muitos de seus resultados usando o cálculo e depois sempre que possível os substituiu por demonstrações geométricas. Obviamente sua intenção era conferir a seu trabalho uma forma mais rigorosa do que a que teria se tivesse mostrado os cálculos que realmente utilizara.

Leibniz não ficou atrás. Ao contrário de Newton, não oscilava ao fazer definições. Geralmente falava de quantidades "tendentes a zero" ou "infinitamente pequenas". Mas quando, após 12 anos de trabalho, publicou seu primeiro artigo sobre o cálculo, viu-se incapaz de dar uma explicação clara. Os matemáticos suíços Johann e Jakob Bernoulli, amigos de Leibniz, qualificaram sua exposição sobre o cálculo como "mais um enigma que uma explicação". Cinco anos mais tarde Leibniz escreveu outro artigo em que definiu os infinitésimos como "números fictícios". Mas isso certamente não melhorava as coisas. Leibniz acabou desistindo das tentativas de definição. Em 1695, escreveu que críticos superprecisos não deveriam impedir ninguém de usar um método que se provara muito útil.

Algumas das explicações de Leibniz soam de fato desconcertantes. Em uma de suas cartas, ele disse que o infinitamente pequeno não era um "zero simples e absoluto, mas um zero relativo". Era uma quantidade evanescente, que conservava o caráter daquela que estava desaparecendo. Em certas ocasiões, ele defendeu o uso de uma "forma sem magnitude". Em outras, negou que houvesse realmente magnitudes infinitas ou infinitesimais.

Alguns matemáticos, entre os quais Wallis e Johann Bernoulli, tentaram definir o infinitésimo como o número 1 dividido pela infinidade. Mas isso tampouco funcionou. A infinidade não é um número definido à maneira de números como 1 ou 5 ou 783.692. Atualmente, os matemáticos em geral consideram que a quantidade 1/∞ (∞ é o símbolo matemático da infinidade) é indefinida. Bernoulli foi adiante, escrevendo o primeiro texto sobre o cálculo. Nesse livro, encontramos observações enigmáticas. Por exemplo: "Uma quantidade que é diminuída ou aumentada por uma quantidade infinitamente pequena não é aumentada nem reduzida." Bernoulli propõe também analogias, mas estas não foram muito mais elucidativas. Em certa altura, diz que quantidades infinitamente grandes eram como distâncias astronômicas, ao passo que as infinitamente pequenas eram como as minúsculas criaturas que na época eram vistas pela primeira vez com os microscópios. A analogia não é muito boa. As distâncias astronômicas podem ser grandes, mas estão longe de ser infinitas, e as criaturas unicelulares que o microscópio permite ver certamente não são infinitamente pequenas.

Ficou claro que o cálculo se apoiava em fundamentos bastante precários. Para piorar as coisas, certos problemas em física por vezes tornavam necessário usar infinitésimos de segunda ordem. Quantidades da segunda ordem são encontradas quando se relaciona a aceleração com a distância percorrida, por exemplo. Como vimos, os infinitésimos foram usados para definir a velocidade instantânea. A aceleração pode ser definida como a taxa em que a velocidade muda. Ela envolve, portanto, infinitésimos de infinitésimos. Mas o que podiam ser infinitésimos de segunda ordem? Pareciam ser quantidades infinitamente menores que quantidades que já eram infinitamente pequenas. E as coisas não acabaram aí. Foi possível escrever expressões matemáticas que continham infinitésimos de ordem ainda mais alta. Quais eram elas?

UM MATEMÁTICO INFIEL

Em 1734, o filósofo britânico bispo George Berkeley publicou um livro intitulado: *The Analyst Or a Discourse Addressed to an Infidel*

Mathematician.[1] *Wherein It Is Examined Whether the Object, Principles, and Inferences of the Modern Analysis Are More Distinctly Conceived, or More Evidently Deduced, than Religious Mysteries and Points of Faith. "First Cast the Beam Out of Thine Own Eye; and Then Thou Shalt See Clearly to Cast the Mote Out of Thy Brother's Eye."* Nesse livro ele acusou o cálculo de repousar em fundamentos ilógicos. A propósito de infinitésimos, disse: "Eles não são nem quantidades finitas, nem quantidades infinitamente pequenas, nem coisa alguma. Será que não os podemos chamar de os fantasmas de quantidades falecidas?..." Quando se examinavam explicações do cálculo, disse Berkeley, era para descobrir "muito vazio, trevas e confusão; mais, se não me engano, impossibilidades e contradições diretas".

Talvez o surpreenda que um filósofo que negava a existência do mundo material pudesse ter se preocupado tanto com a existência de quantidades matemáticas como os infinitésimos. A resposta é que Berkeley estava preocupado com a crescente influência das filosofias do mecanicismo e do determinismo na ciência. Temendo que isso fosse uma ameaça à religião, contra-atacou centrando-se no que acreditava ser o ponto fraco da ciência do século XVIII.

Muitos matemáticos tentaram responder às acusações de Berkeley. Nenhum teve muito sucesso. A natureza dos infinitésimos era de fato um mistério e, em alguns casos, as respostas só pareciam piorar as coisas. Por exemplo, o matemático suíço Leonhard Euler concluiu que a razão de dois infinitésimos era zero dividido por zero. O número $^0/_0$, ele afirmou, podia ser igual a qualquer coisa. Euler era um grande matemático, mas hoje essa conclusão parece um disparate. Fica evidente que grandes mentes podiam ficar estonteadas quando lidando com o infinitamente pequeno, assim como com o infinitamente grande. Essa não foi, aliás, a única vez que a contemplação do infinito levou Euler ao absurdo. De outra feita, ele concluiu que o número –1 era maior que a infinidade. A infinidade, disse, assemelhava-se ao zero, porquanto dividia o positivo a partir de números negativos.

Em 1784, a Academia de Ciências de Berlim ofereceu um prêmio para a melhor solução para o problema do infinito. O anúncio da competição fazia referência explícita ao fato de que os matemáticos empregavam tanto o infinitamente vasto como o infinitamente peque-

---

1 O matemático infiel era Halley.

no, e declarava: "A Academia deseja, portanto, uma explicação sobre como é possível que tantos teoremas corretos tenham sido deduzidos de uma suposição contraditória."

Cerca de 23 artigos, que versavam em sua maioria sobre o cálculo e os infinitésimos, foram apresentados. Após examinar os textos, a Academia concluiu que nenhum deles era de todo satisfatório e que em geral careciam de clareza, simplicidade e rigor. Com o comentário "O sentimento da Academia, portanto, é que sua indagação não encontrou uma plena resposta", a instituição concedeu contudo um prêmio ao matemático que, segundo seu comitê, mais se aproximara de realizar suas intenções. Tratava-se do matemático suíço Simon L'Huiller, que agregou a seu artigo "Exposição elementar do cálculo superior", o seguinte mote: "O Infinito é o abismo em que nossos pensamentos são tragados."

Ao longo de todo o século XVIII os matemáticos se empenharam em encontrar alguma maneira de dar ao cálculo um fundamento lógico. Na melhor das hipóteses, conseguiram tornar as coisas mais confusas. Esse fato não escapou a Voltaire, que observou que o cálculo parecia ser "a arte de numerar e medir exatamente uma Coisa cuja Existência não podia ser concebida". Enquanto isso, o matemático francês Jean Le Rond d'Alembert afiançava a seus alunos que realmente valia a pena estudar aqueles métodos duvidosos. O cálculo, ele lhes dizia, pode parecer ilógico de início, mas com o tempo eles alcançariam a fé.

Enquanto a confusão reinava, porém, o cálculo seguia de sucesso em sucesso. Os trabalhos de Newton e de Leibniz foram ampliados. O cálculo estimulou a criação de novos ramos da matemática e numerosos problemas em física e matemática foram resolvidos a contento. Era evidente que, fosse qual fosse a condição lógica dos infinitésimos, o cálculo dava resultados corretos.

A TEORIA DOS LIMITES

O cálculo ganhou finalmente uma fundamentação sólida no século XIX. Em 1821, o matemático francês Augustin-Louis Cauchy publicou *Cours d'analyse,* em que esboçou uma maneira de eliminar o espinhoso conceito de infinitésimo. Cauchy conseguiu fazê-lo demonstrando que o cálculo podia ser baseado numa outra idéia, a de *limite.*

Já encontramos essa concepção ao discutir os paradoxos de Zenão. Considere o paradoxo "A dicotomia". Como vimos num capítulo anterior, Zenão afirmava que um corredor nunca poderia atingir realmente sua meta, ainda que se aproximasse dela cada vez mais. Ainda que isso fosse mesmo verdade, seria possível dizer a localização exata que o corredor estava tentando alcançar. Da mesma maneira a seqüência 1, $^1/_2$, $^1/_4$, $^1/_8$, $^1/_{16}$, $^1/_{32}$ ... se aproxima cada vez mais de zero, mas nunca o alcança realmente. Quando a seqüência é continuada, os números se tornam arbitrariamente pequenos, mas não há quaisquer quantidades infinitamente pequenas.

As fluxões de Newton — hoje chamadas derivadas — foram originalmente concebidas como razões de quantidades infinitamente pequenas. Cauchy as definiu de maneira um tanto diferente. Ele tomou a razão de duas quantidades finitas e permitiu então a cada uma se tornar cada vez menor. À medida que elas o faziam, a razão se aproximava de algum limite. Um bom exemplo disso é a velocidade instantânea de Galileu. Retomemos o experimento mental de um corpo em queda que dei no início deste capítulo. Queríamos saber com que velocidade um objeto estava caindo exatamente um segundo após ter sido solto, e imaginamos que ele era fotografado em dois instantes, a um décimo de segundo um do outro. Isso forneceu simplesmente uma velocidade média durante esse décimo de segundo. Imaginamos então fotografar a bola em instantes separados por um milésimo de segundo, e depois por um bilionésimo de segundo. Nenhuma das velocidades médias assim computadas será exatamente igual à velocidade instantânea, mas elas se aproximarão cada vez mais desse número à medida que o intervalo de tempo é diminuído. Poderíamos, por exemplo, obter velocidades médias iguais a 4.7, 4.9, 4.99, 4.999 metros por segundo e assim por diante. Elas se aproximam de uma velocidade instantânea de cinco metros por segundo como limite.

Cauchy pensou que havia dado ao cálculo um sólido fundamento lógico. Na verdade, tivera a idéia correta, mas estava lidando com um assunto difícil e cometeu alguns erros quando tentou aplicar a idéia de limite a casos específicos. Seu livro continha vários pressupostos errôneos e provas inválidas. O necessário agora era tornar o trabalho de Cauchy rigoroso de alguma maneira. Isso foi levado a cabo cerca de 50 anos mais tarde quando o matemático alemão Karl Weierstrass refinou os métodos de Cauchy, demonstrando finalmente que era possível dar um fundamento lógico ao cálculo. Explicar como realizou isso seria um pouco técnico demais para um livro como este. Devo portanto me limitar a dizer simplesmente que foi um grande avanço.

Não pense que com isso o conceito de infinitésimo ficou liquidado. Na verdade, os físicos nunca pararam de usar infinitésimos e costumam escrever fórmulas matemáticas em que um infinitésimo é igualado a certos outros. Isso proporciona um meio muito intuitivo de ver as coisas e os físicos tendem a não se preocupar demais com o rigor matemático, contanto que os métodos usados forneçam os resultados corretos.

Nas universidades, é comum encontrar o cálculo sendo manipulado de uma maneira no departamento de matemática e de outra um pouco diferente no departamento de física na porta ao lado. Os matemáticos definem tudo cuidadosamente em termos de limites, ao passo que os físicos freqüentemente ignoram esse conceito. Percebi a diferença pela primeira vez quando era aluno de graduação e fazia minha primeira cadeira de física e meu primeiro curso de cálculo na faculdade. Alguns dos meus colegas estavam tendo dificuldade em aprender cálculo. Diante disso, o professor de física recomendou um livro sobre o assunto, *Calculus Made Easy*, de Sylvanus Thompson.[2] Lembro que esse livro definia uma derivada como uma quantidade igual a "pouquinho" de alguma coisa dividida por "pouquinho" de alguma outra. Essencialmente, é a mesma definição dada por Newton.

OS RETORNOS INFINITESIMAIS

Não podemos criticar os físicos com demasiada severidade por sua falta de rigor. Durante o século XX, o conceito do infinitamente pequeno foi reintroduzido na matemática. Muitos matemáticos começaram a suspeitar que podia ser possível construir uma teoria coerente dos infinitésimos e, em 1934, o matemático alemão Felix Klein sugeriu que isso podia ser feito desde que se abandonasse o axioma de Arquimedes, um dos axiomas em que o sistema numeral está geralmente baseado.

O axioma de Arquimedes diz que se tomarmos dois números quaisquer — vamos chamá-los de A e B e supor que A é menor que

2 No momento em que escrevo, o livro de Thompson continua sendo reeditado, embora se tenham passado uns 37 anos desde que estudei cálculo na graduação.

B — e somarmos A a si mesmo um número suficiente de vezes, o resultado será uma soma maior que B. Por exemplo, se A for 1 e B for 25, obteremos um número maior que B se somarmos 1 a si mesmo 26 vezes.

Para não-matemáticos, esta idéia pode parecer simples e óbvia demais para nos preocuparmos com ela. Mas é necessário usá-la para tratar o sistema numeral de maneira verdadeiramente rigorosa. Deve ficar claro que o axioma de Arquimedes não pode ser satisfeito se infinitésimos forem admitidos no sistema numeral. Pois não importa quantas vezes um infinitésimo seja acrescentado a si mesmo, a soma jamais será maior que 25, nem mesmo que 1, aliás.

Talvez você pense que desvencilhar-se de um axioma clássico não é um procedimento legítimo. Isto definitivamente não é verdade. No tempo de Newton, ninguém teria pensado em mexer com axiomas clássicos, mas hoje as coisas são vistas de maneira completamente diferente. Você é livre para usar qualquer conjunto de axiomas que escolha, contanto que disso resulte um sistema matemático coerente. A matemática não é encarada como três séculos atrás.

Durante a década de 1960, em grande parte graças aos esforços do matemático Abraham Robinson, foi desenvolvida uma nova teoria dos infinitésimos. Nesse sistema, chamado análise não-padrão, um infinitésimo é definido como um número maior que zero mas menor que qualquer número positivo. O sistema faz uso também de números hiper-reais, que são as somas de números ordinários e infinitésimos. Por exemplo, se somarmos um infinitésimo ao número 6,32, o resultado será um número hiper-real.

Um cálculo baseado em números hiper-reais não é exatamente igual ao cálculo da época anterior a Cauchy, mas há mais semelhanças que diferenças. Alguns teoremas clássicos têm provas que parecem um pouco diferentes. No entanto, quando os cálculos são efetuados, obtêm-se os mesmos resultados. Nem as operações em física que fazem uso do cálculo, nem os sistemas matemáticos que se fundam nele, terão mudado nada. Isto suscita, é claro, a questão da utilidade que a análise não-padrão pode ter para os matemáticos. Embora seja uma teoria interessante, o que se verifica é que ainda não produziu nenhum novo resultado matemático importante.

É verdade que a análise não-padrão introduz novos números infinitos, que não são os números transfinitos de Cantor. Esses novos infinitésimos são obtidos dividindo-se um número ordinário por um infinitésimo. Isso enriqueceu em certa medida a concepção que os matemáticos têm do infinito. É de imaginar que Cantor, se pudesse ver o que estava sendo feito, não o aprovaria. A despeito de toda a sua preocupação com o infinito, ele não teria o menor interesse pelo infinitamente pequeno. Quando um outro matemático propôs o uso dos números transfinitos de Cantor na elaboração de um sistema que incluía quantidades infinitamente pequenas, Cantor acusou-o de tentar infectar a matemática com os "bacilos do cólera dos infinitésimos".

5

CATÁSTROFE ATÔMICA

Acho que eu estava no ginásio quando ouvi pela primeira vez a pergunta: "Que acontece quando uma força irresistível se encontra com um objeto inamovível?" Mesmo naquela época, a pergunta não me perturbou particularmente, embora eu só tenha tomado conhecimento da resposta muitos anos depois: "Ela passa direto."

Evidentemente, a pergunta é tão jocosa quanto a resposta. Forças infinitamente fortes, ou objetos que oferecem resistência infinita ao movimento, são coisas que não existem. Ninguém jamais observou uma quantidade infinitamente grande. Quando teorias da física prevêem infinidades, isso geralmente é indício de que alguma coisa saiu errado, de que a teoria se baseia em pressupostos inválidos ou alcançou seus limites de aplicabilidade.

É verdade que por vezes os cientistas falam da possibilidade de um universo infinito. Mesmo nesse caso, contudo, o infinito não poderia ser diretamente observado. Se o universo tem cerca de 15 bilhões de anos, é impossível observar qualquer objeto que esteja a mais de 15 bilhões de anos-luz de nós. A luz emitida por qualquer galáxia ou outro objeto a uma distância maior não teve tempo suficiente para chegar até nós. Um objeto a mais de 15 bilhões de ano-luz de distância não poderia nos afetar de maneira alguma. A gravidade é a única força de longo alcance considerável do universo, e também ela se propaga com a velocidade da luz.

O universo observável, em outras palavras, é finito. É uma esfera com um raio de 15 bilhões de anos-luz. Sem dúvida essa esfera está se expandindo perpetuamente. Quando o universo tiver 20 bilhões de anos de idade, seres inteligentes — se houver algum — serão capazes de observar objetos a distâncias de até 20 bilhões de anos-luz. Contudo, 20 bilhões de anos-luz não são nada comparados com uma distância infinita. Quando se fala da possibilidade de um universo infinito, não é necessário lidar com quantidades que sejam verdadeiramente infinitas. Felizmente, porque as equações da física só podem lidar com quantidades finitas.

A DESCOBERTA DO ELÉTRON

No fim das contas, um encontro com o infinito contribuiu para o desenvolvimento da física moderna. Por volta de 1890, os físicos pensavam que já haviam resolvido tudo. As duas principais subdivisões da física — mecânica e eletromagnetismo — pareciam explicar todos os fenômenos naturais. A mecânica era o campo da física que se ocupava com o comportamento dos corpos em movimento e podia ser aplicada tanto aos fenômenos celestes quanto ao movimento dos corpos na superfície da Terra. A teoria do eletromagnetismo, desenvolvida pelo físico escocês James Clerk Maxwell, explicava não só fenômenos elétricos e magnéticos como o comportamento da luz. A luz, dizia Maxwell, era composta de oscilações dos campos elétricos e magnéticos. Ele havia assinalado que, se a teoria estava correta, podia haver outros tipos de radiação em freqüências muito acima ou muito abaixo daquelas que caracterizavam as ondas de luz. Essa previsão havia sido confirmada em 1888, quando o físico alemão Heinrich Hertz descobriu as ondas de rádio. Ele conseguiu mostrar que essas ondas tinham campos tanto elétricos quanto magnéticos. De início, pensou que elas se deslocavam com uma velocidade de apenas dois terços da velocidade da luz. O erro logo foi corrigido, e comprovou-se que as ondas se propagavam com a velocidade da luz, exatamente como Maxwell previra.

Em 1895, muitos cientistas eminentes ainda não acreditavam na existência de átomos. Mesmo eles, contudo, estavam prontos a admitir que o conceito de átomo era no mínimo uma ficção útil que não se deveria descartar facilmente, seja na física ou na química. E caso alguém preferisse acreditar que a matéria era composta dessas minúsculas partículas, havia uma teoria plausível que parecia descrever como elas poderiam ser. Em 1867, o físico escocês William Thomson havia proposto uma teoria de anéis em vórtice. Em 1892, Thomson seria elevado ao pariato, tornando-se Lord Kelvin. Durante a era vitoriana, a Inglaterra freqüentemente honrava seus mais eminentes cientistas fazendo-os cavaleiros ou barões, prática não observada em épocas anteriores. Newton não se tornou Sir Isaac Newton por ser o filósofo natural mais célebre do mundo (naquele tempo os cientistas eram chamados "filósofos naturais"). Foi feito cavaleiro por seus serviços como presidente da Casa da Moeda.

Segundo Thomson, os átomos se assemelhavam a anéis de fumaça indestrutíveis. As propriedades dos elementos químicos, dizia, podiam ser explicadas admitindo-se que eles se apresentavam em muitas variedades diferentes. O átomo de sódio, por exemplo, consistia muito provavelmente em dois anéis que passavam um pelo outro, como dois elos de uma corrente, e evidentemente a teoria do vórtice não tinha nenhuma dificuldade em explicar a emissão de luz por objetos quentes. Supunha-se que os anéis podiam vibrar e, quando o modo de vibração mudava, podia haver emissão ou absorção de energia. Afinal, um objeto em rápida vibração contém mais energia que outro que vibra lentamente.

Em 1890, parecia que pouco restava por fazer. As leis de Newton explicavam o comportamento dos corpos em movimento. A teoria de Maxwell explicava os fenômenos da eletricidade, do magnetismo e da radiação eletromagnética. Por fim, a teoria de Thomson explicava as propriedades dos átomos. Aos olhos de muitos, a física estava pronta. Certamente os físicos sabiam haver alguns problemas não resolvidos aqui e ali, mas a maioria dos cientistas estava convencida de que esses pequenos enigmas acabariam por ser esclarecidos. Afinal, as leis fundamentais da física eram conhecidas. Os cientistas iriam continuar a aplicá-las e, mais cedo ou mais tarde, a ciência da física ficaria completa.

O NASCIMENTO DA FÍSICA MODERNA

Em seguida, entre os anos 1895 e 1897, foi feita toda uma série de descobertas revolucionárias. O físico alemão Wilhelm Roentgen descobriu os raios X em 1895. Apenas quatro meses depois, em 1896, o físico francês Antoine-Henri Becquerel descobriu a radioatividade. E em 1897 o físico inglês J.J. Thomson[1] descobriu o elétron.

Quando Thomson fez sua descoberta, fazia algum tempo que os físicos britânicos vinham teorizando sobre sua possível existência.

1 Seu nome completo era Joseph John Thomson. Seus contemporâneos o conheciam como J.J. e até hoje é referido dessa maneira.

Maxwell havia sugerido quc "moléculas de eletricidade" poderiam existir. Para nós, a terminologia soa um pouco estranha. Afinal, as moléculas são partículas compósitas constituídas por átomos. Na época de Maxwell, porém, as palavras *átomo* e *molécula* eram freqüentemente usadas uma pela outra. Podemos ter razoável certeza de que "átomos de eletricidade" foi o que ele realmente quis dizer.

A idéia era atraente. Tornava mais compreensíveis vários fenômenos elétricos observados em laboratório. Assim os cientistas se empenharam em descobrir que propriedades o "átomo de eletricidade" podia ter. Em 1874, o físico irlandês George Johnstone Stoney tentou estimar a carga elétrica da partícula hipotética. A estimativa de Stoney foi incorreta por um fator de pelo menos 20. Em 1874, não se sabia se a eletricidade era constituída de partículas com cargas elétricas positivas, cargas negativas, ou alguma combinação de ambas. Ainda assim, a idéia ganhou aprovação e Stoney cunhou o nome elétron em 1891.

Thomson descobriu o elétron cerca de seis anos depois. Embora não fosse capaz de conceber nenhum meio de medir seja a massa ou a carga da partícula, conseguiu computar a razão entre a massa e a carga. Executou isso de uma maneira engenhosa. Ele sabia que partículas carregadas eram defletidas tanto por campos magnéticos quanto por campos elétricos. A força exercida por um campo elétrico depende somente da carga elétrica de uma partícula. Por outro lado, a força exercida por um campo magnético depende tanto da carga quanto da velocidade da partícula. Assim, Thomson efetuou um experimento em que ajustou a intensidade dos campos elétrico e magnético até que as forças que produziam se equilibrassem uma à outra. Isso lhe permitiu calcular com que rapidez os elétrons estavam se movendo. Ele tinha duas equações, uma envolvendo carga e outra contendo carga e velocidade. Quando as juntou, a carga foi cancelada.

Ora, se Thomson soubesse o quanto pesa um elétron, teria sido uma simples questão de medir a carga da partícula. Tudo que teria de fazer seria desativar o campo magnético e medir a deflexão de um elétron quando ele estivesse influenciado apenas pelo campo elétrico. Infelizmente, Thomson não conhecia a massa do elétron. Apesar disso, conseguiu usar essa experiência para medir a razão entre a massa e a carga.

Thomson constatou que essa quantidade era muito pequena, o que sugeria que um elétron provavelmente pesava muito menos que um átomo. Sua suposição estava correta. O elétron tem uma massa muito menor que a do átomo mais leve, o hidrogênio. Como todos os átomos, o hidrogênio é eletricamente neutro. Ele consiste em duas partículas, um próton positivamente carregado e um elétron negativamente carregado que orbita em torno dele. Mas eles não contribuem igualmente para o peso do átomo de hidrogênio — o próton é 1.836 vezes mais pesado que o elétron.

O PUDIM DE PASSAS ATÔMICO

No final da década de 1890, não se sabia nada sobre a estrutura atômica. Por isso parecia razoável na época supor que a maioria dos átomos continha milhares de elétrons. Se um átomo de hidrogênio contivesse 900, por exemplo, isso corresponderia à metade da massa. Aproximadamente a mesma razão se manteria se o oxigênio contivesse 14.000 ou 15.000. Segundo esse esquema, um átomo de ferro teria algo em torno de 50.000 elétrons e um átomo de ouro cerca de 180.000.

Duas teorias foram propostas para explicar a estrutura do átomo. O físico japonês Hantaro Nagaoka sugeriu que elétrons negativamente carregados formavam anéis que giravam em torno de uma esfera positivamente carregada. No modelo de Nagaoka, os átomos se assemelhavam um pouco ao planeta Saturno, cujos anéis são compostos de pequenas partículas. Mas essa teoria possuía um grave inconveniente. De acordo com a teoria eletromagnética de Maxwell, os elétrons que se movessem em órbitas circulares ou elípticas emitiriam radiação constantemente. Se esse for o caso, os elétrons individuais nos anéis iriam perder energia e cair na esfera. O modelo de Nagaoka parecia produzir átomos que seriam instáveis.

Na segunda teoria, desenvolvida por Lord Kelvin (que a essa altura desistira de sua teoria dos anéis em vórtice; a descoberta do elétron tornara a idéia insustentável) e J.J. Thomson, os elétrons estavam *dentro* da esfera de eletricidade positiva. O problema da perda de energia ainda existia; os elétrons iriam desprender radiação onde quer que estivessem localizados. No entanto, Thomson esperava que fosse possível mostrar que podia haver configurações que minimizariam essa perda. A teoria Kelvin-Thomson seria chamada de "o modelo do pudim de passas" do átomo. A esfera positivamente carregada era o pudim, e os elétrons as passas.

Em 1906, Thomson conseguiu deduzir, em bases teóricas, que o número de elétrons num átomo estava muito longe daquele anteriormente suposto. Obteve esse resultado usando três métodos independentes. O primeiro utilizava dados relativos à interação da luz com materiais transparentes; o segundo dizia respeito à interação de raios X com gases; e o terceiro à absorção de elétrons em movimento rápido na matéria. Em todos os três casos, Thomson supôs que os elétrons presentes nos átomos que constituíam a matéria desempenhavam um papel proeminente.

Todos os três métodos levaram Thomson à conclusão de que os átomos continham muito menos elétrons do que se pensara até então. De fato, o átomo de hidrogênio tinha provavelmente apenas um elétron, ao passo que os átomos de outros elementos possuíam números relativamente pequenos. Ele não foi capaz de enunciar os números exatos. Segundo os resultados que obteve, o número de elétrons num átomo de oxigênio, por exemplo, era algo entre três e 32. De fato, os átomos de oxigênio contêm oito elétrons. As estimativas de Thomson foram assim um grande avanço em relação à cifra previamente aceita de aproximadamente 15 mil.

A DESCOBERTA DO NÚCLEO ATÔMICO

A teoria do átomo de Thomson foi inventiva, mas logo foi contestada por novos e espantosos resultados experimentais. Em 1911, o físico britânico Ernest Rutherford anunciou que havia determinado que os elétrons não se moviam em meio a uma esfera de eletricidade positiva. Ao contrário, a carga positiva — e a maior parte da massa — de um átomo estava concentrada num minúsculo núcleo em seu centro.

Os experimentos realizados por Rutherford envolveram o bombardeio de uma lâmina de ouro, e depois de lâminas de outros metais, como partículas alfa emitidas por uma substância radioativa. Ele usou lâminas porque podia torná-las finas o suficiente para permitir que a maior parte das partículas alfa que bombardeavam as atravessassem. O ouro, em particular, pode ser posto na forma de folhas especialmente finas.

As partículas alfa são partículas compostas, contendo dois prótons e dois nêutrons. Como em 1911 o nêutron ainda não havia sido descoberto, a composição exata das partículas alfa não era conhecida. Era possível, contudo, medir sua massa e sua carga, e se descobriu que elas transportavam uma carga positiva e eram mais de sete mil vezes mais pesadas que os elétrons.

Rutherford raciocinou que, se a teoria de Thomson estava correta, as partículas alfa sofreriam, no máximo, pequenas deflexões quando encontrassem os átomos de ouro na lâmina. Sendo as partículas alfa tão mais pesadas que os elétrons, estes pouco afetariam suas trajetórias. Uma colisão entre uma partícula alfa e um elétron seria semelhante à colisão entre um navio de guerra e um barco a remo. Com a diferença de que o elétron seria defletido, não destruído. Por outro lado, a presença de esferas de carga positiva com massas muito maiores tenderia a empurrar as partículas alfa um pouco para fora de seu curso. Cargas iguais se repelem, e tanto as partículas alfa quanto as esferas de Thomson eram positivamente carregadas.

Para compreender a natureza do experimento de Rutherford, considere a seguinte analogia: suponha que eu dispare um rifle contra objetos que estão numa cerca a cem metros de distância. Um deles é um enorme *marshmallow* mais ou menos do tamanho de uma bola de basquete. Isso corresponde ao átomo de Thomson.[2] O outro é uma

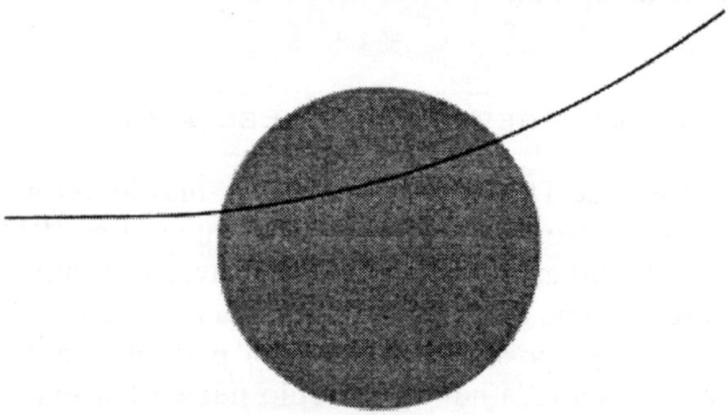

FIGURA 2A. Quando Rutherford iniciou seus experimentos em que átomos eram bombardeados com partículas alfa, acreditava-se que os átomos eram feitos de esferas de eletricidade positiva em que os elétrons estavam inscrustados. Ele esperava, portanto, que as partículas alfa fossem, no máximo, defletidas em ângulos pequenos. Só estão representados aqui o percurso de uma partícula alfa e a esfera positivamente carregada hipotética; os elétrons — dos quais não se esperava nenhum efeito significativo sobre a partícula alfa — não são mostrados.

2 Uso o exemplo de um *marshmallow* porque quero ignorar os efeitos mínimos produzidos pelos elétrons. A analogia do pudim de passas simplesmente não se aplicaria aqui. Os elétrons são muito leves e as passas, não.

bola de aço mais ou menos do tamanho de uma bola de golfe. Se um tiro do rifle atingir o *marshmallow*, vai atravessá-lo diretamente. No máximo, será ligeiramente defletido. Por outro lado, se um tiro atingir a bolinha de aço, vai ricochetear em um ângulo considerável. Como a bola é um objeto muito pequeno, provavelmente não vou conseguir atingi-la na maior parte das tentativas. Atiro nela, a maioria dos meus tiros não será defletida em absoluto e alguns vão se desviar em direções aleatórias. Alguns vão ricochetear de volta na minha direção.

Se uma partícula alfa colidir com um átomo de ouro, não haverá nenhum impacto físico. Mas o efeito será similar. A partícula alfa será repelida pelo núcleo positivamente carregado. Além disso, como um núcleo de ouro é quase 50 vezes mais pesado que uma partícula alfa, ele será relativamente pouco afetado pela colisão, ao passo que a partícula alfa será remetida voando em uma ou outra direção. Qual será exatamente essa direção, vai depender da proximidade da trajetória tomada pela partícula alfa em relação ao núcleo atômico.

Quando efetuou o experimento, Rutherford descobriu que a maior parte das partículas alfa atravessava a lâmina de ouro com pouca deflexão, enquanto algumas eram defletidas em ângulos grandes. Em alguns casos, esses ângulos tinham mais de 90 graus. Isso indicava que a carga positiva no interior de um átomo estava concentrada numa região muito menor do que todos haviam suposto anteriormente.

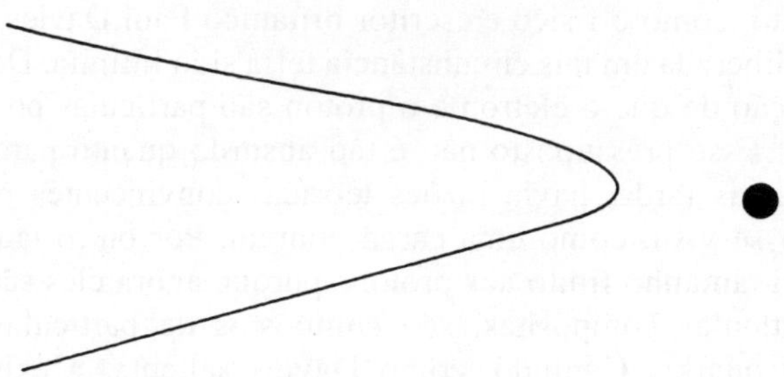

FIGURA 2B. Quando o experimento foi realizado, algumas das partículas alfa foram defletidas em ângulos grandes. A única maneira possível de explicar isso era concluir que a carga positiva de um átomo estava concentrada numa pequena região em seu centro. Neste diagrama, a partícula alfa positivamente carregada é vigorosamente repelida pelo núcleo atômico positivamente carregado e sua mudança de direção é pronunciada. Mais uma vez, os elétrons no átomo não são mostrados.

CATÁSTROFE ATÔMICA

A descoberta de que os átomos continham minúsculos núcleos foi um notável sucesso experimental, embora tenha conduzido a uma catástrofe teórica. Thomson tivera a esperança de que, usando o modelo do pudim de passas, seria possível mostrar que as quantidades de energia irradiada pelos elétrons eram mínimas. Mas com o modelo nuclear de Rutherford isso era impossível. Os elétrons tinham de estar girando em torno do núcleo de maneira similar àquela em que os planetas giram em torno do Sol. De outro modo, a atração elétrica os faria cair dentro do núcleo. Mas as leis de Maxwell diziam que elétrons que circulavam em torno de um núcleo atômico iriam irradiar energia tão rapidamente que os átomos logo desmoronariam. Como elétrons irradiantes perdiam energia, eles iriam espiralar rumo aos núcleos. Quando o fizessem, a energia irradiada por qualquer elétron individual iria crescer rapidamente. Quanto mais ele se aproximasse do núcleo, mais forte se tornaria a atração entre o elétron negativamente carregado e o próton positivamente carregado. Essa força de atração crescente levaria a velocidade do elétron a crescer. Quanto mais depressa o elétron se movesse, mais energia emitiria. Os elétrons iriam espiralar rumo aos núcleos e colidir com eles numa ínfima fração de segundo. Se a teoria de Rutherford e a física clássica estivessem ambas corretas, não haveria nenhum átomo, nenhuma matéria tal como a conhecemos, e, é claro, nenhuma física.

De fato, como o físico e escritor britânico Paul Davies assinalou, a energia liberada em tais circunstância teria sido infinita. Davies parte da suposição de que o elétron e o próton são partículas pontuais sem dimensão. Esse pressuposto não é tão absurdo quanto parece. Como veremos mais tarde, havia razões teóricas convincentes para que o elétron fosse visto como uma carga pontual. Por outro lado, hoje se atribui um tamanho finito aos prótons porque agora eles são considerados partículas compósitas; são compostos de partículas menores chamadas quarks. Contudo, como Davies salienta, a existência de quarks só foi sugerida pela primeira vez cerca de meio século depois do experimento de Rutherford. No início do século XIX, não se pensava que o próton fosse tão diferente do elétron. A única grande diferença entre as partículas parecia ser que o próton era muito mais pesado e transportava uma carga positiva.

Se o elétron e o próton são cargas pontuais, não há limite para a quantidade de energia que pode ser liberada quando um átomo de hidrogênio entra em colapso. À medida que perdesse energia, um elétron se aproximaria cada vez mais do próton. Com isso, a atração elétrica do próton iria fustigar o elétron com velocidades cada vez maiores. É algo análogo à velocidade regularmente crescente de um cometa à medida que ele se aproxima do Sol. À medida que os elétrons começassem a se mover mais depressa, a taxa de liberação de energia cresceria. Quando o elétron e o próton finalmente colidissem, a taxa de liberação de energia se tornaria infinita.

Os físicos do início do século XX não estavam preocupados com quantidades infinitas de energia. Em suas mentes, o problema era explicar como átomos podiam existir. O exemplo de Davies mostra como o problema da catástrofe atômica era difícil. Segundo o modelo comumente aceito naquela época, a criação de um único átomo teria provocado uma explosão de intensidade infinita.

CATÁSTROFE ULTRAVIOLETA

Para entender como os átomos podem existir e como o problema foi finalmente resolvido, vamos retroceder um pouco e considerar um problema de infinidade que surgiu por volta da virada do século. Tratava-se de um problema relacionado com tentativas de encontrar uma fórmula matemática que previsse precisamente a quantidade de energia que um corpo quente, incandescente, iria irradiar. Quando a solução foi encontrada, isso levou diretamente ao nascimento da teoria quântica.

Ao construir uma teoria, os cientistas geralmente começam considerando o que acontece sob condições idealizadas. Uma vez resolvidos os problemas teóricos iniciais, torna-se então possível considerar o que acontece em situações mais complicadas. Os físicos que consideraram esse problema começaram por examinar o caso de um corpo negro. Um corpo negro é um objeto que absorve toda a energia que incide sobre ele. Se tal coisa existisse, pareceria inteiramente negra porque não refletiria nenhuma luz.

Corpos negros verdadeiros não existem na natureza. Não é muito difícil, porém, construir dispositivos que simulam o comportamento de um corpo negro no laboratório. Uma esfera oca com um pequeno buraco é um desses dispositivos. Qualquer luz ou outra radiação que penetre no buraco vai ricochetear entre as paredes internas, até ser finalmente absorvida. Se o buraco for suficientemente pequeno, muito pouca luz vai conseguir escapar. E se a esfera for aquecida, suas paredes internas começarão a luzir, e a luz emitida do buraco será semelhante à que um corpo negro teórico emitiria.

Segundo as teorias aceitas nos primeiros anos do século XX, a luz era produzida por elétrons vibrantes. Embora ninguém soubesse como os átomos podiam ser estáveis, era possível presumir que, se os elétrons de um átomo vibrassem de uma maneira específica, haveria produção de luz ou de alguma outra forma de radiação eletromagnética. Parecia lógico, portanto, que fosse possível usar a teoria eletromagnética para calcular como a luz emitida variaria com o comprimento de onda. A quantidade de luz emitida em diferentes comprimentos de onda não é a mesma. Diferentes comprimentos de onda correspondem a diferentes cores de luz. Um pedaço de ferro aquecido ao rubro está obviamente emitindo mais "comprimentos de ondas vermelhas" que os de outras cores.

Além disso, há uma relação entre o padrão de comprimento de onda e a temperatura. Quando aquecida, uma peça de ferro conserva de início sua cor usual porque a maior parte da energia que está emitindo é liberada na forma da "luz" invisível infravermelha. Em seguida, assumirá um brilho vermelho e, quando mais aquecida, terá uma luminosidade branca. O físico inglês Lord Rayleigh pensava que seria possível descrever tudo isso matematicamente, mas quando tentou derivar uma fórmula matemática em bases teóricas, obteve um resultado que não tinha possibilidade de estar correto.

DIFICULDADES TEÓRICAS

Rayleigh acabou encontrando uma expressão matemática (conhecida como a lei Rayleigh-Jeans, porque o astrônomo inglês James Jeans também é considerado seu autor) que previa corretamente quanta energia seria emitida em comprimentos de onda longos. Nessa região, o modelo do elétron vibrante em que os cálculos de Rayleigh se baseavam parecia vigorar. No entanto, o cálculo de Rayleigh previa que, à medida que os comprimentos de onda ficassem mais curtos, uma energia cada vez maior seria emitida. De fato, previa que a quantidade de energia emitida seria infinita. Afinal, não há limite para quão curtos os comprimentos da onda da radiação eletromagnética podem ficar.

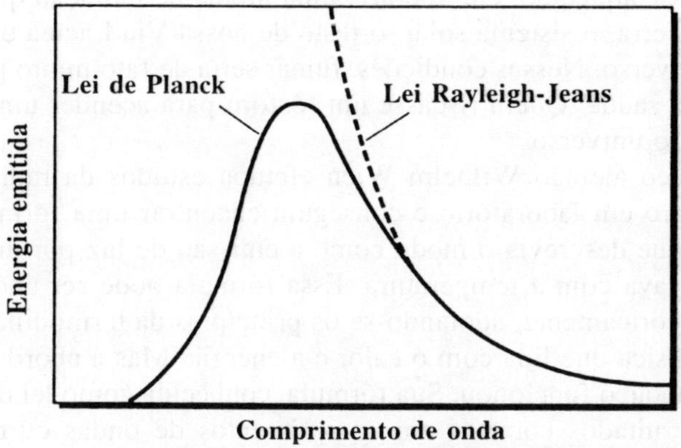

FIGURA 3. A catástrofe ultravioleta. Um objeto incandescente emite diferentes quantidades de energia em diferentes comprimentos de onda. O gráfico ilustra um exemplo típico. Os comprimentos de ondas ultravioleta estão à esquerda e os de infravermelhas estão à direita. A lei Rayleigh-Jeans, que fornecia resultados corretos para comprimentos de ondas infravermelhas, previa que a emissão de energia se tornaria infinita em comprimentos de ondas curtas. O gráfico mostra também a lei de Planck, discutida na próxima seção.

A radiação de comprimento de onda curta transporta maiores quantidades de energia que a de comprimento de onda longa. Por exemplo, a energia da radiação ultravioleta é mais elevada que a da luz visível. É o componente ultravioleta da radiação solar que causa o bronzeamento e a queimadura de Sol. Se estivéssemos expostos apenas à luz visível quando estamos ao ar livre, não teríamos por que temer longas permanências sob o Sol. Os raios X e os raios gama têm comprimentos de onda ainda mais curtos que a "luz" ultravioleta e por isso são mais potentes.

Quando os físicos começaram a enfrentar a questão do comportamento teórico dos corpos negros, na década de 1890, ainda não fora estabelecido que os raios X eram uma forma de radiação eletromagnética. Por isso a previsão de que a emissão se tornaria infinita nos comprimentos de ondas curtas foi chamada de "a catástrofe ultravioleta", expressão atribuída ao físico austríaco Paul Ehrenfest.

Se fosse um efeito real, a catástrofe ultravioleta seria realmente uma catástrofe. Se a emissão de energia crescesse rapidamente com comprimentos de ondas sucessivamente mais curtos, toda vez que um objeto fosse aquecido, ele liberaria uma lufada de radiação que vaporizaria a Terra, o sistema solar, o resto de nossa Via Láctea e por fim todo o universo. Nessas condições, fumar seria de fato muito perigoso para a sua saúde. Quem riscasse um fósforo para acender um cigarro destruiria o universo.

O físico alemão Wilhelm Wien efetuou estudos da radiação do corpo negro em laboratório e conseguiu encontrar uma fórmula matemática que descrevia o modo como a emissão de luz por um corpo negro variava com a temperatura. Essa fórmula pode ser encontrada também teoricamente, adotando-se os princípios da termodinâmica, o ramo da física que lida com o calor e a energia. Mas a abordagem de Wien tampouco funcionou. Sua fórmula, conhecida como lei de Wien, deu os resultados corretos em comprimentos de ondas curtas, mas desviou-se das observações experimentais em comprimentos de ondas mais longas.

Assim, no final do século XIX, os físicos tinham duas fórmulas teóricas para a emissão de radiação por corpos negros. A lei Rayleigh-Jeans dava resultados corretos em comprimentos de ondas longas, mas tornava-se infinita nas curtas. A lei de Wien não produzia infinidades, mas era incorreta em comprimentos de ondas longas. Os cientistas se viam num dilema — não conseguiam explicar o que parecia ser um fenômeno simples, elementar: a emissão de luz por um corpo quente.

O REVOLUCIONÁRIO RELUTANTE

A solução para o problema da radiação do corpo negro foi encontrada pelo físico alemão Max Planck em 1900. Planck começou buscando uma fórmula matemática que pudesse descrever corretamente o comportamento da radiação do corpo negro. Após consideráveis manipulações matemáticas, encontrou uma expressão que parecia condizente com os dados experimentais. Perguntou então a si mesmo que pressupostos tinha de adotar para derivar essa fórmula. Para sua surpresa, descobriu que era necessário admitir que a luz era emitida em minúsculos pacotes, ou *quanta*, de energia. Segundo a teoria quântica de Planck, um corpo quente só podia lançar números inteiros de *quanta* de energia em qualquer período de tempo dado. Ele emitiria um *quantum* de energia, ou dois *quanta*, ou 10 bilhões. Mas não podia emitir um *quantum* e meio, ou qualquer outra quantidade que contivesse uma fração.

Planck, que era um físico clássico conservador, teve dificuldade em aceitar a idéia de que os corpos negros emitiam luz na forma de torrentes de pacotes de energia. Afinal, sabia-se havia muito que a luz era um fenômeno ondulatório. Ondas simplesmente não se criavam dessa maneira. A emissão de luz devia ser um processo contínuo, não um que envolvesse pequenos pacotes de energia. Contudo, essa parecia ser realmente a única solução que fazia sentido matematicamente. Anos mais tarde, Planck iria descrever sua introdução dos *quanta* de luz como um "ato de desespero". Ele vinha trabalhando no problema da radiação do corpo negro havia seis anos e achava que tinha de encontrar uma solução "a qualquer custo".

A maior parte dos demais físicos da época discordou da avaliação de Planck e a hipótese quântica recebeu pouca atenção durante os cincos anos seguintes. Nesse meio tempo, Planck labutou para encontrar algum caminho mais razoável para a fórmula correta. Não tinha como saber que a hipótese dos *quanta* de luz iria se revelar correta e que, em anos futuros, ele seria considerado o pioneiro da revolução da física do século XX.

Um físico que acreditou nos *quanta* de Planck foi Albert Einstein. Em 1905, Einstein fez a ousada sugestão de que a luz se propagava na realidade na forma de *quanta* de energia. A luz se comportava como se fosse composta de partículas. Ao fazer essa sugestão, Einstein foi muito mais à frente que Planck, que não havia dito nada sobre o caráter da luz quando ela se deslocava através do espaço. A teoria de Planck exigia apenas que a perda de energia por um corpo para seu ambiente se desse dessa maneira. Ele supunha que, uma vez emitida, a luz se deslocaria na forma de ondas eletromagnéticas.

A hipótese de Einstein, é claro, revelou-se absolutamente correta. Hoje, falamos com freqüência de partículas de luz, que são chamadas de fótons. De fato, a luz possui o caráter tanto de ondas quanto de partículas. Em 1905, porém, a idéia parecia esquisita, ainda que fosse capaz de explicar vários fenômenos observados em laboratório. O conservador Planck considerou-a totalmente inaceitável. Apesar disso, ele não deixava de admirar a qualidade de grande parte do trabalho de Einstein e o recomendou como membro à Academia Prussiana de Ciência em 1913. A carta de recomendação de Planck concluía com as palavras:

> Que ele possa por vezes ter errado o alvo em suas especulações, como, por exemplo, em sua hipótese dos *quanta* de luz, é algo por que não se

> pode censurá-lo com muita energia, pois não é possível introduzir realmente novas idéias mesmo nas ciências mais exatas sem por vezes correr um risco.

Niels Bohr

Em 1913, o mesmo ano em que Planck escreveu sua hoje famosa carta à Academia Prussiana, o físico dinamarquês Niels Bohr anunciou sua teoria quântica do átomo de hidrogênio. Bohr mostrou que, lançando mão do conceito de *quanta* de energia, era possível construir uma teoria que evitava o problema do colapso atômico. Embora a teoria de Bohr tenha acabado por se revelar não inteiramente satisfatória, foi uma descoberta revolucionária. Foi o primeiro passo rumo a uma compreensão do comportamento da matéria no nível subatômico.

Se tivesse tido mais tato quando rapaz, ou se tivesse uma melhor compreensão do inglês, Bohr talvez nunca tivesse chegado a esse resultado. Ou, na melhor das hipóteses, teria criado a teoria um pouco mais tarde do que o fez. Depois de receber um Ph.D. da Universidade de Copenhague em 1911, Bohr foi para Cambridge, onde queria trabalhar com J.J. Thomson no Laboratório Cavendish, um importante centro de pesquisa na época. Thomson era um tanto desajeitado quando se tratava de operar a aparelhagem do laboratório e dizia-se freqüentemente que o melhor era não lhe permitir chegar muito perto de seu próprio equipamento. Ele era, contudo, extremamente engenhoso quando se tratava de conceber métodos experimentais e é significativo que cerca de sete assistentes seus tenham sido mais tarde premiados com o Nobel por descobertas próprias. Coletar dados para Thomson era um excelente treinamento.

O primeiro encontro de Bohr com Thomson não foi bem. Durante a conversa, Bohr pegou o livro de Thomson, *Conduction of Electricity through Gases*, apontou para uma fórmula matemática que ele trazia e disse: "Isto está errado." Após alguns outros encontros canhestros, Thomson começou a fazer desvios para evitar topar com Bohr quando caminhava por seu laboratório. Por algum tempo, Bohr se manteve ocupado, fazendo pesquisa e assistindo a preleções. Mas acabou decidindo deixar Cambridge e ir para o laboratório de Rutherford em Manchester.

Quando chegou a Manchester, embora já conhecesse o modelo nuclear do átomo de Rutherford, Bohr ainda não estava em condições de reconstruir uma teoria atômica. Não sabia quantos elétrons os átomos de qualquer substância dada continham. Os físicos já não acreditavam que os átomos continham milhares de elétrons, mas não fora desenvolvido nenhum método que lhes permitisse determinar o número exato existente mesmo nos átomos mais simples.

Um dos cientistas que trabalhavam no laboratório de Rutherford era Charles Galton Darwin, neto de Charles Darwin. Ele estivera trabalhando com alguns cálculos teóricos referentes à energia perdida por partículas alfa quando passavam através da matéria. Quando fez um trabalho teórico próprio que desenvolvia o de Darwin, Bohr começou a compreender que o trabalho com partículas alfa realizado no laboratório de Rutherford sugeria fortemente que um átomo de hidrogênio continha apenas um elétron fora do núcleo positivamente carregado.

Bohr não ficou muito tempo em Manchester: chegou em março de 1912 e partiu no final de julho. Nunca se previra que tivesse ali mais que uma curta permanência, mas o conhecimento que adquiriu naqueles quatro meses forneceu um dos elementos que constituíram sua teoria quântica do átomo de hidrogênio, publicada em 1913. Bohr dificilmente teria tentado explicar o comportamento desse átomo sem saber se ele continha um elétron, quatro, ou uma dúzia deles.

UMA TEORIA DO ÁTOMO

Quando propôs sua teoria do átomo de hidrogênio, Bohr supunha que o elétron girava em torno do núcleo numa órbita circular. Em seguida, supôs que um elétron que ocupasse tal órbita não emitiria radiação constantemente. Essa foi uma das propostas mais revolucionárias jamais feitas na física. Pela primeira vez, sugeria-se que partículas em átomos não se comportavam da maneira descrita pelas leis conhecidas da física. A teoria do eletromagnetismo de Maxwell dizia que *toda* partícula carregada que girasse numa trajetória circular irradiaria energia. E realmente irradia. De fato, atualmente os elétrons são freqüentemente levados, em aceleradores de partículas, a se deslocar em altas velocidades ao longo de trajetórias circulares com o objetivo de produzir a chamada radiação sincrotron. Se estiverem se movendo com suficiente rapidez, os elétrons vão emitir radiação na região de raios X de alta energia do espectro. Esses raios X podem então ser usados na realização de vários tipos de experimentos.

Mas a suposição de que os elétrons orbitais não irradiavam foi só o começo. Segundo Bohr, apenas certas órbitas específicas eram possíveis. Os elétrons não podiam ocupar uma posição qualquer entre elas. Os elétrons que ocupavam órbitas mais afastadas do núcleo possuíam mais energia que aqueles em órbitas mais baixas, e os átomos emitiam radiação quando um elétron dava um salto quântico de uma órbita mais alta para outra mais baixa, emitindo no processo um dos *quanta* de Planck. O processo inverso também podia ocorrer. Os elétrons podiam igualmente absorver *quanta* e se deslocar para órbitas mais altas. Por fim, existia um estado de energia mais baixa, chamado estado fundamental. Quando um átomo estava no estado fundamental, o elétron ocupava sua menor órbita possível e o átomo não podia irradiar mais.

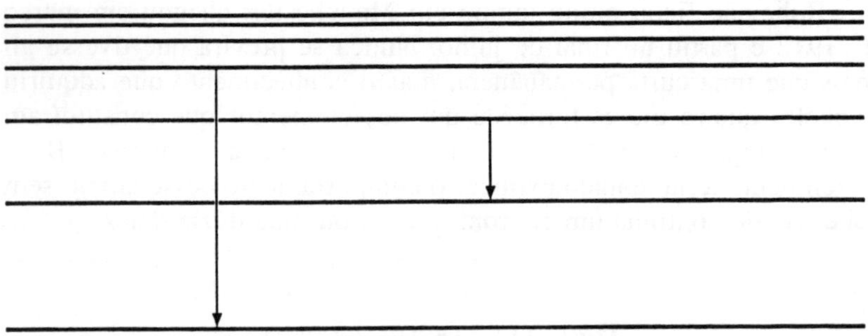

FIGURA 4. Os níveis de energia de um elétron no átomo de Bohr podem ser graficamente representados. O intervalo entre os níveis torna-se cada vez menor à medida que a quantidade de energia aumenta, com um número infinito de níveis possíveis. Se um elétron recebe uma quantidade de energia maior que a do nível mais alto, é lançado fora do átomo. As linhas verticais neste diagrama representam dois saltos quânticos possíveis de um nível para outro. Como ambos são saltos para baixo, o elétron emitirá um fóton de luz ao passar de um nível a outro.

Na teoria de Bohr havia um número infinito de possíveis órbitas de elétrons[3] e uma distância finita entre quaisquer das órbitas vizinhas.

3 Não, isto não contradiz o pressuposto de que só certas órbitas específicas são possíveis. Um número infinito de órbitas não é o mesmo que todas as órbitas possíveis. Uma analogia deve tornar isso claro: o conjunto de todos os números divisíveis por 10 é infinito, mas esse conjunto evidentemente não inclui todos os números.

Assim, a órbita mais exterior tinha um raio infinito e uma circunferência infinita. Mas, diferentemente daquelas encontradas no colapso radiativo do átomo ou no caso da catástrofe ultravioleta, essas infinidades não eram perturbadoras. A existência de um número infinito de possibilidades nunca causa problemas. Por exemplo, se as condições durante a formação do sistema solar tivessem sido um pouco diferentes, a Terra poderia ter uma órbita mais alongada do que tem, ou poderia estar mais próxima do Sol, ou muito mais distante. O número de órbitas possíveis é infinito. Da mesma maneira, ainda que houvesse um número infinito de órbitas possíveis na teoria de Bohr, o elétron ocuparia apenas uma num dado momento. De qualquer modo, órbitas para as quais o elétron estava muito distante do núcleo não correspondiam a nada de real. Um elétron que se extraviasse, afastando-se demais, acabaria por passar a interagir com outros átomos e deixaria de estar ligado ao núcleo original.

REAÇÃO NEGATIVA

A teoria de Bohr foi capaz de explicar muito sobre o comportamento dos átomos de hidrogênio. Previu corretamente os comprimentos de onda específicos da luz vistos quando se fazia uma corrente elétrica passar através do gás de hidrogênio. E explicou por que a catástrofe não ocorria; quando um elétron estava numa órbita de estado fundamental, não podia se aproximar mais do núcleo. No entanto, a teoria não foi imediatamente aceita. De fato, despertou uma reação sobretudo negativa. Não muito depois da sua publicação, os físicos alemães Otto Stern e Max von Laue juraram um ao outro que, se aquela teoria maluca de Bohr viesse a se demonstrar correta, os dois abandonariam a física. Evidentemente, nenhum deles honrou o juramento. Von Laue seguiu trabalhando até ganhar o Prêmio Nobel por seu trabalho sobre os raios X e mais tarde Stern deu ele próprio importantes contribuições para a teoria quântica.

Como seria de esperar, a reação de Einstein foi diferente. Ele comentou que certa vez ele próprio tivera idéias parecidas, mas faltara-lhe coragem para desenvolvê-las. Mas Einstein estava entre a minoria. A maior parte da comunidade física ficou cética. Uma das razões para esse ceticismo era que a teoria de Bohr só conseguia explicar o átomo de hidrogênio. Quando se faziam tentativas para aplicá-la ao elemento mais simples seguinte, o hélio, fracassava fragorosamente. A teoria parecia capaz de explicar um átomo contendo um elétron, mas não dois.

Hoje sabemos por que isso acontecia. Depois que a teoria da mecânica quântica — uma sucessora mais precisa da teoria de Bohr — foi descoberta em 1926, ficou claro que os elétrons tinham modos de interagir uns com os outros de que ninguém havia suspeitado antes. A teoria de Bohr não era capaz de descrever o átomo de hélio porque ninguém entendia como dois elétrons de hélio realmente se comportavam.

De início Rutherford elogiou a teoria, escrevendo em 1914: "As teorias de Bohr são de grande interesse e importância para todos os físicos como a primeira tentativa decisiva de construir átomos e moléculas simples e explicar seus espectros."[4] Na verdade, ele não acatava a teoria. Estava dizendo simplesmente que, embora fosse cedo demais para se dizer se era ou não verdadeira, ela tinha grande importância e interesse. Esse não era um comportamento típico de Rutherford, que acreditava que a única física verdadeira era a experimental, que os "fatos" estavam nos experimentos. Muitas vezes essa atitude era expressa por meio de sarcasmo. Numa ocasião, Wilhelm Wien, que era então o editor dos *Annalen der Physik,* a revista que publicou os primeiros artigos de Einstein sobre relatividade, comentou com Rutherford que parecia não haver um só anglo-saxão capaz de compreender a teoria de Einstein. "Não", respondeu Rutherford com uma risada, "eles têm discernimento demais para isso." Rutherford era um notável experimentador, mas em geral evitava questões teóricas. Talvez se possa concluir que Bohr se entendeu muito melhor com ele do que com Thomson.

A reação de Rutherford a Bohr não era, contudo, de todo favorável Embora elogiasse Bohr em publicações, parece ter mencionado uma importante objeção numa carta privada. Escrevendo a Bohr em 1913, disse: "Parece haver uma dificuldade grave em sua hipótese... Tenho a impressão de que você precisaria ter pressuposto que o elétron sabe de antemão onde vai parar."

Ao escrever isso, Rutherford punha o dedo num ponto importante. Um elétron numa das órbitas mais altas podia presumivelmente saltar para vários estados de energia mais baixa. O que determinava para

4 O espectro de um elemento é o padrão de comprimentos das ondas luminosas vistas quando ele atinge uma temperatura elevada.

qual deles saltaria? A teoria de Bohr não dizia. Aliás, não dizia nem mesmo o que levava um elétron a dar um salto. O que nem Bohr nem Rutherford poderiam saber é que fora dado o primeiro passo para substituir o mundo determinístico da física clássica pelo mundo probabilístico da mecânica quântica.

O ESTRANHO MUNDO DA MECÂNICA QUÂNTICA

A mecânica quântica foi descoberta pelo físico alemão Werner Heisenberg em 1925. Como é a teoria em que praticamente toda a física moderna se baseia, a descoberta da mecânica quântica deve ser considerada um dos mais importantes avanços científicos do século XX. No entanto, embora tenha atraído o interesse de muitos físicos eminentes, de início a teoria de Heisenberg pouco avançou. Heisenberg havia usado o que na época era visto como um tipo estranho de matemática,[5] à qual a maioria dos físicos não estava afeita. Além disso, a teoria não fornecia nenhuma representação intuitiva do comportamento de partículas subatômicas. O físicos gostam de poder criar imagens mentais dos objetos com que estão lidando e a teoria de Heisenberg não lhes permitia isso.

Essa situação não perdurou por muito tempo. Durante o inverno de 1925-1926, o físico austríaco Erwin Schrödinger, partindo de pressupostos diferentes, desenvolveu uma teoria chamada mecânica ondulatória. Schrödinger elaborou sua teoria durante umas férias nos Alpes suíços. Deixando a mulher em casa, levou alguns cadernos de anotações científicas — e uma namorada — para uma quinta que havia alugado. Dividindo seu tempo entre a física e a companheira, logo produziu uma nova descrição teórica do comportamento da matéria no nível subatômico.

Na teoria de Schrödinger, as partículas eram representadas como ondas que se espalhavam por todo o espaço. Supunha-se que a matéria tinha, como a luz, um caráter tanto de onda quanto de partícula.[6] Não ficava de todo claro, porém, o que eram exatamente as ondas. Elas

5 Heisenberg utilizou arranjos de números chamados matrizes. Hoje os físicos usam matrizes o tempo todo.

6 Schrödinger não foi o primeiro a adotar esse pressuposto. Ele fora proposto originalmente pelo físico francês Louis de Broglie em 1924.

não correspondiam a nenhuma quantidade física como os campos elétrico e magnético que constituíam as ondas de luz. No entanto, logo ficou patente que a teoria fornecia os resultados corretos quando usada para efetivar cálculos referentes ao comportamento dos átomos.

Durante um breve tempo, pareceu que havia duas novas teorias do comportamento da matéria no nível subatômico, mas não se tardou a descobrir que a mecânica quântica de Heisenberg e a mecânica ondulatória de Schrödinger eram matematicamente equivalentes, ainda que parecessem completamente diferentes. Ao que tudo indica, isso não agradou a nenhum dos dois fundadores da mecânica quântica. Ambos tinham profunda aversão pela abordagem do outro. No curso de uma conversa com o físico austríaco Wolfgang Pauli no início de 1926, Heisenberg observou que a teoria de Schrödinger era "repugnante" e uma "bobagem". Schrödinger, por sua vez, qualificava o método de Heisenberg de "repulsivo". Hoje, o mérito pela descoberta da mecânica quântica é atribuído a ambos e dá-se à versão de Heisenberg o nome de "mecânica matricial" para distingui-la da de Schrödinger.

Na altura de 1926, a mecânica quântica havia atraído o interesse de muitos físicos. Logo se descobriu que ela descrevia corretamente o comportamento do átomo de hidrogênio e vários outros problemas em física atômica foram resolvidos. No entanto, uma pergunta permanecia: o que *eram*, exatamente, as misteriosas ondas de Schrödinger?

Esse problema foi solucionado em 1926, quando o físico alemão Max Born mostrou que elas podiam ser interpretadas como ondas de probabilidade. Tinham um caráter inteiramente diverso de coisas como ondas de luz ou ondas do mar. No caso de um elétron, por exemplo, era mais provável que ele estivesse em lugares onde a amplitude de onda era mais alta, e menos provável que estivesse perto de lugares onde essa quantidade caía a zero.[7] Pela primeira vez, os físicos estavam trabalhando com uma teoria em que podiam não atribuir a um objeto uma localização definida no espaço.

---

7 A probabilidade era proporcional não à amplitude, ou altura, da onda, mas ao quadrado (tecnicamente, o "quadrado absoluto") da amplitude. Podemos encontrar uma analogia para isso nas ondas do mar. Uma onda mais alta será também mais larga, e a quantidade de água que ela contém será aproximadamente proporcional ao quadrado de sua altura.

Quem não ficou lá muito satisfeito com essa descoberta foi Schrödinger. Como Planck, ele era um cientista um tanto conservador. Tivera a esperança de que o uso de uma formulação ondulatória permitiria encontrar uma maneira de evitar saltos quânticos e restaurar uma imagem clássica do átomo. Certa feita, após uma série de conversas com Bohr, Schrödinger exclamou: "Se era para ter esses saltos quânticos, eu nunca devia ter começado a trabalhar com a teoria atômica!"

FÍSICA CLÁSSICA X FÍSICA QUÂNTICA

A mecânica quântica era diferente de todas as teorias com que os físicos haviam se deparado antes. A diferença pode ser ilustrada pela comparação do comportamento de um corpo grande, macroscópico, com o de um muito pequeno. Por exemplo, a posição que a Terra ocupará no espaço em qualquer momento dado pode ser calculada com enorme precisão. Da mesma maneira, se conhecêssemos todas as forças que atuam sobre uma bola de beisebol, poderíamos calcular precisamente seu percurso quando voasse pelo ar. Na mecânica quântica, nada de parecido é possível. Em qualquer momento, haverá certa probabilidade de que um elétron num átomo de hidrogênio, por exemplo, esteja em certo lugar e também certa probabilidade de que esteja em outro.

Se um elétron dentro de um átomo é um feixe de probabilidades, o efeito disso é "besuntá-lo" pelo espaço. Na verdade, os físicos falam freqüentemente da "nuvem de elétrons" que envolve um átomo. Na mecânica quântica, os elétrons deixam de ter órbitas. Em vez disso, formam nuvens de probabilidade de diferentes tamanhos e formas. No jargão da física, essas configurações são conhecidas como *estados* quânticos. Quando ocorre um salto quântico, o elétron não passa de uma órbita para outra; o que faz é uma transição entre dois estados diferentes. Como estados diferentes estão associados a energias diferentes, os saltos quânticos ainda produzem a emissão de luz.

A linguagem humana se desenvolveu para descrever os eventos do mundo macroscópico cotidiano e muitas vezes se revela inadequada para a descrição de acontecimentos no nível subatômico, onde os objetos se comportam de maneira diferente. Apesar disso, um elétron num átomo de hidrogênio pode ser visto, em certo sentido, como estando num número infinito de lugares diferentes ao mesmo tempo. Afinal, as ondas de probabilidade envolvem o núcleo e o espaço contém um número infinito de pontos.

Este é mais um exemplo de um tipo de infinidade inteiramente benigno. Nenhuma quantidade infinita — como energias infinitas — aparece. Como um planeta circulando um sol, um elétron pode ter um número infinito de posições variadas. A única diferença é que ele ocupa todas elas simultaneamente.

A mecânica quântica está repleta de probabilidades, e a nuvem de elétrons é apenas um exemplo. A teoria não nos diz quando um elétron fará uma transição de um estado para outro; ela nos dá apenas uma probabilidade. Além disso, pode-se falar da probabilidade de uma partícula subatômica estar neste ou naquele estado. De fato, considera-se em geral que as partículas subatômicas estão numa mistura de estados. Um elétron não só está em muitos lugares diferentes como pode ocupar simultaneamente um número infinito de diferentes estados de energia.

Você poderia pensar que é impossível efetuar cálculos com semelhante teoria, mas não é o que acontece. É verdade que a teoria não nos diz o que uma partícula individual fará. No entanto, a matéria é constituída de um número muito grande de partículas. Por exemplo, há aproximadamente 10^{23} (o número representado pelo numeral "1" seguido por 23 zeros) átomos de hidrogênio e de oxigênio em um centímetro cúbico de água. E quando se obtém a média das probabilidades quânticas para um grande número de objetos, é possível fazer previsões muito precisas. Além disso, a mecânica quântica foi confirmada muitíssimas vezes em numerosos experimentos de alta precisão. Não pode haver dúvida de que é uma teoria correta.

6

Os elétrons têm massa infinita

A mecânica tem o potencial de fornecer uma explicação fundamental para quase tudo. Não só explica a estrutura dos átomos como pode ser usada para determinar como eles se combinam para formar moléculas. Ela se tornou a teoria central tanto da física quanto da química. As propriedades de todos os materiais dependem do modo como seus átomos e moléculas interagem uns com os outros. Assim, a mecânica quântica fornece a explicação definitiva para a força do aço, a combustão da gasolina, a elasticidade das molas, a maciez da grafia de um lápis e os processos que têm lugar nos circuitos elétricos de um *chip* de computador. A mecânica quântica é a base de teorias do comportamento de partículas subatômicas e é usada também nas que procuram explicar a origem do universo. O único fenômeno fundamental que ela não ajuda a explicar é a gravidade.

No entanto, antes que a mecânica quântica tivesse podido se tornar uma teoria de quase tudo, foi preciso transpor dois hiatos importantes. A teoria desenvolvida por Heisenberg e Schrödinger em 1925 e 1926 não explicava a interação da radiação eletromagnética com a matéria, nem era totalmente compatível com a teoria especial da relatividade de Einstein. Segundo a teoria da mecânica quântica, um fóton (termo moderno para um *quantum* de luz) era emitido quando um elétron no interior de um átomo saltava de um estado de energia para outro. Ela nada dizia, contudo, sobre o modo como isso acontecia. Tampouco explicava o processo inverso, a absorção de um fóton por um átomo.

Os dois problemas que os físicos enfrentaram no final da década de 1920 estavam claramente interligados. A mecânica quântica precisava ser combinada com a relatividade para que se pudesse ter alguma chance de explicar precisamente a interação de luz e matéria. A teoria da relatividade trata do comportamento de objetos que se deslocam com velocidades próximas à da luz. Deve haver necessariamente efeitos relativísticos quando fótons interagem com átomos. Quando a luz é refletida por um espelho, por exemplo, um fóton que estivera se deslocando com a velocidade da luz numa direção se vê subitamente se movendo com a mesma velocidade na direção oposta. Algo de fabuloso não pode deixar de ter acontecido com o elétron ou os elétrons que o capturaram, viraram-no ao contrário e o lançaram em sua rota. Se realmente era isso que acontecia — a teoria original da mecânica quântica não dizia se os átomos de um espelho refletiam fótons ou se os absorviam e depois reemitiam na direção oposta. Além disso, ninguém sabia como um átomo era capaz de fazer qualquer dessas coisas.

Miss Dent está decidida

O homem que resolveu esses dois problemas, o físico inglês P.A.M. Dirac,[1] foi um dos físicos mais notáveis do século XX. Não tivesse sido por uma série de eventos casuais, ele talvez nunca se tornasse um físico. Embora tivesse forte interesse por matemática quando adolescente, resolveu estudar engenharia elétrica quando ingressou na Universidade de Bristol, na Inglaterra. Um diploma em engenharia proporcionaria chances muito melhores de ganhar a vida que um em matemática, e assim, quando se graduou em 1921, Dirac começou imediatamente a procurar um emprego como engenheiro. Mas a economia inglesa estava em recessão na época e ele não conseguiu encontrar trabalho. Voltou para Bristol para fazer pós-graduação, e viu-se obrigado a uma escolha entre especializar-se em matemática pura ou aplicada. Por acaso, havia apenas uma estudante de matemática avançada na época, uma certa Miss Dent (prenome desconhecido), que estava decidida a estudar matemática aplicada. Dirac, que se sentia indiferente em relação à questão, resolveu estudar matemática aplicada também. Não queria obrigar os professores a lecionar dois conjuntos separados para apenas dois alunos.

Nas universidades britânicas daquele tempo, a física teórica era considerada parte da matemática aplicada. A maioria dos departamen-

1 Seu nome completo era Paul Adrien Maurice Dirac, mas sempre assinava suas cartas e artigos científicos com as iniciais P.A.M. Até seus colegas mais próximos tinham de adivinhar o que aquelas letras representavam.

tos universitários de física na Inglaterra tinha somente físicos experimentais em seus corpos docentes. Os físicos teóricos, por outro lado, eram geralmente encontrados nos departamentos de matemática. Um vestígio dessa tradição persiste hoje, quando Stephen Hawking é "Lucasian Professor" de matemática na Universidade de Cambridge, não professor de física. A cátedra Lucasian, diga-se de passagem, foi ocupada anteriormente tanto por Newton quanto por Dirac.

Dirac obteve seu Ph.D. em Cambridge, em 1926. No final do ano, já estava dando importantes contribuições para a física, escrevendo um artigo que lançou os fundamentos da teoria quântica do campo, a teoria que descreve a interação da luz e de outros tipos de radiação com a matéria. Dirac não foi o único responsável pela criação da teoria. Contribuições importantes foram dadas também por Heisenberg, Pauli, o físico alemão Pascual Jordan e outros. E, como veremos, a teoria não alcançou sua forma final até 1947, quando os físicos americanos Richard Feynman e Julian Schwinger, além do físico japonês Shin'ichiro Tomonaga, mostraram como certas dificuldades teóricas podiam ser eliminadas, feito pelo qual foram conjuntamente agraciados com o Prêmio Nobel.

A MECÂNICA QUÂNTICA COMBINADA À RELATIVIDADE

Dirac sabia que uma teoria quântica do campo bem-sucedida teria de incorporar a teoria especial da relatividade, mas esse não era um problema de fácil solução. Schrödinger havia tentado incorporar a relatividade à mecânica quântica em seu artigo original sobre o assunto, em 1926, e fracassara. Outros físicos eminentes também trabalharam no problema, mas tampouco tiveram êxito. Parecia que a junção de mecânica quântica e relatividade fornecia resultados que não estavam de acordo com os experimentos.

Quando tentam criar novas teorias, os físicos teóricos geralmente começam tentando formar representações mentais. Costuma-se dizer de um cientista adepto dessa prática que ele tem boa "intuição física". O passo seguinte consiste em escrever equações matemáticas que correspondam a essa representação mental. Em sua busca de uma teoria quântica relativista, Dirac seguiu um procedimento diferente. Ficou ruminando equações matemáticas até descobrir algo que dava a impressão de que iria descrever o mundo subatômico de uma maneira relativística. Não se tratou de uma abordagem aleatória. Dirac descobriu sua teoria porque foi capaz de reconhecer um resultado matemático significativo quando ele apareceu, e de desenvolvê-lo.

Dado o caráter extremamente matemático do seu trabalho, é impossível descrever os passos pelos quais Dirac chegou à sua teoria num livro desta natureza. É suficiente saber que, uma vez completa, sua teoria forneceu uma representação física do comportamento dos elétrons e dos átomos. Como veremos em breve, essa representação se revelou muito estranha.

Dirac publicou sua teoria em 1928. Embora sua intenção original fosse tentar compreender as interações entre luz e matéria, sua teoria representou também um aperfeiçoamento da mecânica quântica de Heisenberg-Schrödinger. Era capaz de escrever todos os fenômenos que a teoria mais antiga explicava, muitas vezes com maior precisão, e podia ser usada para a obtenção de resultados que anteriormente haviam sido intratáveis. No entanto, logo surgiu um problema. A teoria de Dirac parecia implicar que os elétrons podiam ter estados de energia negativa e não era claro como isso devia ser interpretado. Além disso, caso se usasse a equação de Einstein $E = mc^2$ (aqui E representa energia, m representa massa e c é a velocidade da luz) para descrever esses elétrons, revelava-se necessário concluir que eles também tinham massa negativa. Se E era negativo, m tinha de ser negativo também, porque o termo c^2 era sempre positivo.

Quantidades negativas aparecem o tempo todo na matemática e na física. Em muitos casos, podem ser simplesmente ignoradas. Suponha, por exemplo, que lhe digam que um quadrado tem uma área de 4 centímetros quadrados e lhe peçam para encontrar o comprimento de um lado. Tudo que precisa ser feito é obter a raiz quadrada de 4, que é 2. Ora, ocorre que o número –2 também é uma raiz quadrada de 4. Quando a multiplicação –2 x –2 = 4 é efetuada, o sinal de menos é cancelado. Disto não se segue, porém, que o quadrado pode também ter lados com –2 centímetros de comprimento. Nós simplesmente ignoramos a solução adicional, espúria.

Isso não pode ser feito em mecânica quântica. Os níveis de energia negativos não poderiam ser ignorados, porque a mecânica quântica permite aos elétrons saltar entre estados de energia diferentes, e não havia nada que impedisse uma partícula de saltar de um estado positivo para um negativo. Ficou claro que, se a teoria de Dirac estivesse correta, todos os elétrons no universo acabariam tendo uma energia negativa. E isso não era tudo. Um elétron num estado de energia negativa poderia então cair para qualquer um de um número infinito de estados com menos energia ainda, emitindo radiação ao fazê-lo. No final, quantidades infinitas de radiação seriam liberadas, e todo elétron terminaria com uma energia negativa infinita.

UM MAR INFINITO DE ELÉTRONS

Dirac compreendia que era preciso encontrar algum meio de explicar por que, afinal, existem elétrons com energia positiva. Logo se deparou com uma solução que era esquisita, mas com que se podia trabalhar. A razão por que se viam elétrons com energia positiva era que todo o infinito número de níveis de energia negativa estava preenchido. Havia um mar infinito de elétrons com energia negativa.

Esses elétrons com energia negativa não podiam ser vistos. Dirac tinha consciência, contudo, de que sua idéia tinha conseqüências observáveis. Se um dos elétrons com energia negativa adquirisse energia suficiente, daria um saldo quântico para a região de energia positiva, e um elétron comum pareceria passar a existir repentinamente. Ao mesmo tempo, surgiria um lugar vazio — um buraco — no mar de energia negativa. Esse buraco teria a aparência de uma partícula positivamente carregada.

Para entender o que Dirac tinha em mente, considere uma linha de bolas de bilhar:

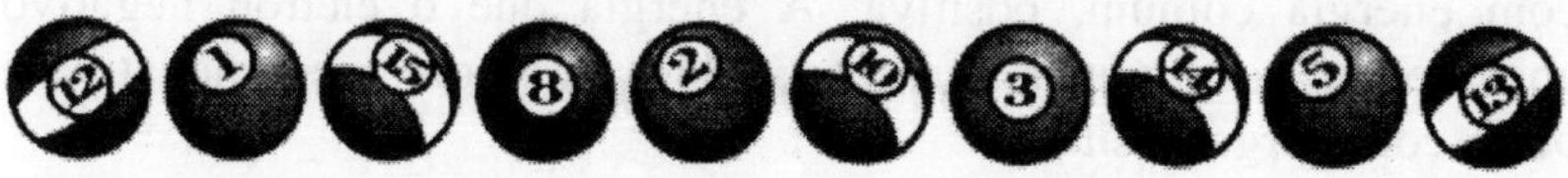

Agora imagine que uma das bolas é retirada:

Imagine depois que as bolas do lado direito da figura se movem uma a uma para o lado esquerdo:

Como as figuras mostram claramente, a lacuna entre as bolas parece estar se movendo para a direita.

Dirac percebeu perfeitamente que, embora não se pudesse ver o mar de energia negativa, um buraco nesse mar seria observável. Se tais buracos existiam, podiam se mover, tal como as partículas comuns. Além disso, teriam a aparência de partículas positivamente carregadas, com energia comum, positiva. A energia que o elétron negativo absorvesse iria produzir duas partículas, uma com carga negativa e outra com carga positiva.

Na época, os físicos só tinham conhecimento de três partículas: o próton, o elétron e o fóton. O nêutron só seria descoberto em 1932. Assim, Dirac se perguntou de início se os buracos positivamente carregados não poderiam ser prótons. Pensando melhor, concluiu que isso não era muito lógico. Afinal, um próton era quase duas mil vezes mais pesado que um elétron. Assim, em 1931 ele publicou um artigo em que sugeria que um buraco no mar de energia negativa seria um tipo inteiramente novo de partícula. Teria a mesma massa que o elétron, mas sua carga elétrica seria positiva, não negativa.

A DESCOBERTA DO PÓSITRON

Os elétrons positivamente carregados de Dirac foram descobertos logo no ano seguinte pelo físico americano Carl Anderson. Anderson estava estudando os raios cósmicos, que não são uma forma de radiação, mas antes torrentes de partículas energéticas — sobretudo prótons — que caem sobre a Terra, vindos do espaço. Anderson os observou usando uma câmara de bolha. Quando penetravam na câmara, as partículas deixavam vestígios, de modo que era possível estudar suas trajetórias. Ao passarem através da câmara, elas eram sujeitas a campos magnéticos. Isso permitiu a Anderson determinar tanto a carga quanto a massa das partículas. Sob a ação de campos magnéticos as partículas carregadas seguem trajetórias curvas. Uma partícula com carga positiva vai se desviar numa direção e uma partícula negativamente carregada, na outra. Além disso, a trajetória de uma partícula relativamente leve vai se curvar mais acentuadamente que a de uma pesada, que possui mais inércia e não pode por isso ser arrancada de seu curso tão facilmente.

Os experimentos de Anderson revelaram a existência de uma partícula com a mesma massa que o elétron, mas com carga oposta. Sua trajetória é curvada da mesma maneira que a de um elétron, mas na direção oposta. A nova partícula, que logo seria denominada pósitron, era exatamente o que Dirac havia previsto.

Era a primeira vez que a existência de uma partícula havia sido prevista em bases teóricas antes que ela fosse vista em laboratório. Anderson (que mais tarde receberia o Prêmio Nobel por seu trabalho) e Dirac foram ambos amplamente aclamados. Uma das poucas reações negativas veio de Rutherford, que não ficou satisfeito. Ele observou que as coisas teriam sido mais a seu gosto se fosse permitido aos experimentadores descobrir o pósitron e determinar suas propriedades antes que ele se tornasse parte da teoria.

Os físicos em geral viram na descoberta do pósitron uma confirmação da teoria de Dirac. Muitos deles, no entanto, continuaram incomodados com a idéia de um mar de elétrons de energia negativa. Tal mar devia não só conter um número infinito de partículas como possuir energia negativa infinita. Então, em 1934, o físico americano Robert Oppenheimer e Robert Furry, um colega de pós-doutorado, aplacaram essas inquietações provando que era possível esquecer o mar infinito e falar simplesmente de elétrons e pósitrons. Isso podia ser feito mediante uma simples alteração na notação matemática de Dirac.

Pode parecer surpreendente que a teoria de Dirac pudesse dar origem a duas apresentações inteiramente diferentes do mundo subatômico. Mas lembre-se que já encontramos um exemplo disso. As formulações de Heisenberg e Schrödinger da mecânica quântica também pareciam muito diferentes, mas posteriormente revelaram-se matematicamente equivalentes. A teoria de Schrödinger era baseada no conceito de ondas, ao passo que a versão de Heisenberg não dizia absolutamente nada sobre elas.

Muitas vezes é difícil formar uma imagem mental precisa de fenômenos subatômicos. Não há razão alguma para esperar que eventos do mundo subatômico se assemelhem precisamente aos do mundo da experiência cotidiana. Podemos visualizar facilmente o comportamento de cascatas, de gatos e de tempestades porque essas são coisas que vimos muitas vezes. Uma partícula como um elétron, por outro lado, se comporta de modos desconhecidos, nenhum dos quais corresponde a coisa alguma em nossa experiência visual. Por vezes muitas representações mentais diferentes são possíveis.

Se duas representações diferentes levam aos mesmos resultados matemáticos, é que elas são equivalentes. A razão por que se pode pensar tanto em "buracos" num mar infinito como em "elétrons e prótons simplesmente" é que ambas as concepções conduzem aos mesmos resultados. Na verdade, há ainda uma terceira maneira de pensar os pósitrons. Como Richard Feynman mostrou, um pósitron é matematicamente equivalente a um elétron que está se movendo às avessas no tempo. Nesse caso, não é necessário acreditar que nada se move realmente do futuro para o passado, embora por vezes seja conveniente pensar que isso acontece. Em algumas circunstâncias, isso torna mais fácil compreender o que está se passando no micromundo.

PARTÍCULAS, ANTIPARTÍCULAS E PARTÍCULAS VIRTUAIS

Segundo a teoria de Dirac, elétrons e pósitrons são criados juntos, em pares. Esse é um processo que foi observado muitas vezes. Sob certas circunstâncias, um raio gama será transformado num elétron e num pósitron. Quando isso acontece, o pósitron não continua a existir por muito tempo. Assim que encontra outro elétron, as duas partículas destroem uma à outra e um segundo raio gama aparece no lugar delas.

A energia desses raios gama pode ser calculada com o uso da fórmula de Einstein, $E = mc^2$. Aqui, *m* é duas vezes a massa do elétron, já que são criadas duas partículas com massas idênticas.

Diz-se que o pósitron é a antipartícula do elétron. De fato, toda partícula conhecida tem uma antipartícula. Há antiprótons, antinêutrons e antiquarks, por exemplo. A rigor, o pósitron deveria ser chamado de "antielétron". Contudo, ele foi batizado antes que o conceito de antipartículas fosse desenvolvido, e o nome vingou.

Partículas e antipartículas podem ser criadas a partir da pura energia. Surpreendentemente, podem também ser criadas quando não há energia suficiente disponível. Isso é conseqüência de uma das idéias fundamentais da mecânica quântica, o princípio da incerteza de Heisenberg. Segundo esse princípio, não é possível medir a posição e o momentum de uma partícula ao mesmo tempo. Quanto melhor conhecermos uma quantidade, mais incerteza haverá em nosso conhecimento da outra. A incerteza não decorre de quaisquer limitações em nossos instrumentos de medida. Na mecânica quântica uma partícula não tem uma posição exata ou um momentum exato. É por essa razão que os elétrons num átomo devem ser pensados como algo semelhante a uma nuvem que envolve o núcleo.

Ora, ocorre que o princípio de Heisenberg se aplica também a muitos outros pares de quantidades. Um deles é energia e tempo. Por exemplo, quanto mais precisamente conhecemos a energia de uma partícula, menos capazes somos de prever por quanto tempo ela permanecerá nesse estado de energia. A recíproca também é verdadeira. Se sabemos muito precisamente durante quanto tempo uma partícula permaneceu num estado, a quantidade de energia que ela tem é muito incerta.

Podemos ir ainda mais longe. Quando lidamos com tempos muito curtos, as incertezas ligadas à energia se tornam tão grandes que pares partícula-antipartícula podem ser criados. Essa partículas virtuais passam a existir a partir do nada, para desaparecer novamente em cerca de um bilionésimo de um trilionésimo de segundo. Isso não é apenas uma idéia teórica. A criação dessas partículas virtuais é um fenômeno real. Embora não se possa observar essas partículas de vida tão curta, sua criação e destruição têm conseqüências experimentais. Os experimentos pertinentes foram realizados e a existência das partículas virtuais foi confirmada muitas vezes.

ELÉTRONS INFINITAMENTE PEQUENOS TÊM MASSA INFINITA

Os elétrons são as partículas que emitem ou absorvem fótons de luz. A teoria que tenta descrever a interação de luz e matéria precisa lidar com apenas três partículas: elétrons, fótons e pósitrons (a razão para a inclusão desta última partícula logo ficará clara). A teoria quântica do campo que descreve essas interações é conhecida como eletrodinâmica quântica, ou QED.* Apesar do nome imponente, a QED se funda numa idéia simples: elétrons e fótons interagem num ambiente em que partículas virtuais — não só fótons virtuais como elétrons e pósitrons virtuais — estão sendo constantemente criados e destruídos.

Antes que eu descreva os efeitos da criação de partículas virtuais, será preciso considerar um pouco mais as propriedades dos elétrons. Nos anos que se seguiram imediatamente à descoberta do elétron, pensou-se que essa partícula era uma minúscula esfera. Os físicos chegaram até a calcular o tamanho do elétron usando princípios teóricos, mas logo perceberam que essas tentativas estavam fadadas ao fracasso e que o elétron tinha de ser concebido como uma partícula pontual adimensional.

Segundo a teoria da relatividade de Einstein,[2] nenhum objeto pode se deslocar com velocidade maior que a da luz. Além disso, nenhuma influência ou sinal físicos podem se deslocar mais rapidamente que a luz. Isso tem profundas conseqüências para o modo como os físicos concebem o elétron e outras partículas subatômicas. Para entender por que, imagine que um elétron sofra uma colisão com outra partícula. Se o elétron tiver um tamanho finito, a força da colisão será transmitida através dele com uma velocidade não maior que a da luz. Assim, ele ficará deformado por um instante.

Isso é exatamente o que acontece quando objetos macroscópicos colidem. Por exemplo, quando uma bola de bilhar bate em outra, ambas ficam ligeiramente deformadas no ponto de impacto, para depois retornar rapidamente às suas formas originais. Isso não gera nenhum problema conceitual. Na verdade, a idéia ajuda a compreender

---

2 Quando menciono a teoria da relatividade, tenho em mente a teoria especial da relatividade de Einstein que foi publicada em 1905, não a teoria geral (a teoria da gravitação de Einstein), de 1915. Isto é de uso comum.

* Do inglês *Quantum Electrodynamics*. (N.R.).

as forças que as bolas exercem uma sobre a outra. No caso de um elétron, a questão é diferente. Se um elétron pudesse ser deformado, poderia possivelmente ser fragmentado numa colisão de energia muito alta. Mas isso não acontece; todos os indícios experimentais que temos indicam que o elétron é uma partícula elementar. Além disso, uma esfera que pode ser deformada e que em seguida recupera a forma anterior deve ter forças internas que produzem esse tipo de elasticidade. Mas não parece haver nenhuma maneira sensata de descrever como seriam tais forças.

A idéia de que o elétron é uma partícula pontual foi confirmada até certo ponto por experimentos. Se digo "até certo ponto" é porque somente um experimento de precisão infinita poderia confirmar que as dimensões de um elétron são exatamente iguais a zero. Foi demonstrado, contudo, que o raio do elétron é menor que um bilionésimo de um bilionésimo de centímetro. Outra maneira de expressar isto seria dizer que seu raio máximo é pelo menos 100.000 vezes menor que o de um próton, e que seu volume é pelo menos 10^{15} (1 milhão de bilhões) menor. Sendo limites máximos, estas cifras estão inteiramente de acordo com a idéia da dimensionalidade zero.

No entanto, se é um ponto adimensional, um elétron deve ter uma massa infinita. Para entender por que isso é assim, considere o caso de duas cargas pontuais. Se forem semelhantes — ambas positivas ou ambas negativas — vão se repelir uma à outra. A força de repulsão segue uma lei do inverso do quadrado. Assim, se quisermos forçá-las a ficar mais próximas, um gasto de energia será requerido. Quanto mais perto ficarem uma da outra, mais forte a força da repulsão se tornará. Se fossem aproximadas uma da outra a ponto de haver entre elas uma distância zero, a força de repulsão se tornaria infinita. Para efetuar isso, seria necessário um gasto infinito de energia.

Algo análogo acontece no caso do elétron. É possível efetuar um experimento mental em que imaginamos que o elétron é uma esfera minúscula que depois se contrai reduzindo-se a um ponto. Se imaginarmos que o elétron é composto de grande número de pequenos fragmentos de carga elétrica, então essas pequenas cargas vão se aproximar cada vez mais à medida que o elétron se tornar menor. Quando as dimensões do elétron decrescerem para zero, haverá uma distância zero entre essas cargas e a energia do elétron se tornará infinita.

Mas, como Einstein mostrou, massa e energia são equivalentes. Portanto o elétron tem de ter uma massa infinita. Ninguém acredita, é claro, que isso seja literalmente verdade. Mas acontece que é verdadeiro na melhor teoria que temos no momento. E, até que uma teoria melhor apareça, considerar o elétron dessa maneira continuará sendo inevitável.

PARTÍCULAS VIRTUAIS COMO SALVAÇÃO

Segundo a QED, nunca vemos esses elétrons "nus" com massas infinitas. Só os podemos ver através dos enxames de partículas virtuais que os cercam. Essas partículas virtuais não existirão por muito tempo, mas outras serão constantemente criadas para tomar seus lugares e o elétron estará envolto por uma nuvem de partículas virtuais. Além disso, essa nuvem será polarizada. Os pósitrons positivamente carregados tenderão a ser puxados em direção ao elétron, ao passo que os elétrons virtuais negativamente carregados serão repelidos. Haverá mais carga positiva perto do elétron, e mais carga negativa a maior distância dele. A "proteção" criada por essa nuvem polarizada tem o efeito de nos impedir que observemos a massa infinita do elétron, ou sua carga infinita. Desse modo, as quantidades realmente absorvidas em laboratório são finitas. Sim, na QED o elétron tem uma carga "nua" infinita também. E as partículas virtuais que o envolvem são em número infinito.

À primeira vista tem-se a impressão de que, se fosse oferecido um prêmio para a teoria mais louca jamais concebida por físicos, a QED teria poucos concorrentes. De fato, coisas muito estranhas aconteceram quando os físicos tentaram pela primeira vez usar a teoria e fazer cálculos. Como ela era matematicamente complicada e suas equações não podiam ser resolvidas exatamente, os físicos fizeram o que sempre fazem nesses casos. Resolveram as equações passo a passo. Primeiro, procuraram respostas que fossem aproximadamente corretas. Depois usaram-nas para calcular correções, certos de que iriam obter resultados mais precisos. Normalmente esse procedimento funciona bastante bem. Pode ser efetuado quantas vezes um físico queira e os resultados vão se tornando cada vez mais precisos.

Mas não foi o que aconteceu no caso da QED. Os físicos que trabalharam com ela descobriram que podiam obter resultados aproximadamente corretos se calculassem apenas até a primeira aproximação. Se tentassem obter resultados mais exatos levando os cálculos adiante, porém, suas equações "explodiam" e quantidades infinitas apareciam. Isso era ao mesmo tempo animador e frustrante. O fato de ser possível obter resultados aproximadamente corretos indicava que havia algum elemento de verdade nessa estranha teoria, ao passo que o aparecimento de quantidades infinitas significava que havia algo de seriamente errado com ela.

Durante a década de 1930, os cientistas usaram a QED para obter vários resultados importantes. Constatou-se que a teoria podia realmente ser aplicada a muitos diferentes processos que tinham lugar no nível subatômico, desde que respostas apenas aproximadamente corretas fossem satisfatórias. No entanto, fizeram-se poucas tentativas de refinar a teoria de modo a permitir que cálculos mais exatos fossem feitos. Para isso, teria sido necessário desvencilhar-se de algum modo das infinidades. E ninguém sabia como fazê-lo.

RENORMALIZAÇÃO

Freqüentemente os físicos dão suas contribuições mais importantes quando ainda estão na casa dos 20. Newton descobriu sua lei da gravitação antes de completar 25 anos; Einstein tinha 26 quando publicou seus primeiros artigos sobre a relatividade; Heisenberg tinha 23 quando descobriu a mecânica quântica. Mas Julian Schwinger foi mais precoce que todos eles. Schwinger ingressou no New York's City College aos 14 anos. Aos 16, escreveu seu primeiro artigo sobre a QED. Não publicou seu texto. Escreveu uma tese de doutorado durante o verão que se seguiu à sua graduação na faculdade, mas não lhe deram o título de doutor imediatamente. Parece que a Universidade de Colúmbia, onde ele fez a pós-graduação, tinha uma exigência de residência e não concedia o Ph.D. de imediato a pessoas que acabavam de obter seus títulos de bacharel. Schwinger teve de esperar fazer 21 anos antes de obter seu doutorado. A partir de então, sua carreira avançou rapidamente e ele se tornou professor titular em Harvard antes de chegar aos 30 anos.

Dado seu interesse precoce pela QED, não surpreende que Schwinger tenha encontrado uma maneira de lidar com os problemas de infinidade da teoria. A técnica que inventou é chamada renormalização. Basicamente, trata-se de um modo de subtrair as importunas infinidades de tal modo que só resultados finitos sejam obtidos.

Por vezes há idéias na física que podem ser verbalmente descritas de maneiras simples e que no entanto são matematicamente complexas.

Um exemplo é a idéia do espaço curvo, associada à teoria geral da relatividade de Einstein (que vou discutir num capítulo subseqüente). Essa descrição simples obscurece o fato de que as equações matemáticas de Einstein podem se tornar extremamente complexas quando se tenta usá-las para resolver problemas específicos. Na verdade, há casos em que se tornam tão complexas que nunca foram resolvidas. Da mesma maneira, a renormalização é uma técnica de alguma complexidade, como o atesta o fato de o problema de eliminar as infinidades da QED ter desconcertado toda uma geração de físicos.

Schwinger anunciou sua descoberta da renormalização numa conferência realizada em Shelter Island, em Nova York, em 1948. Ao fazê-lo, descobriu que não era o único a ter encontrado uma maneira de eliminar as infinidades da QED. Sua apresentação foi seguida pela de Richard Feynman, que também demonstrou como isso podia ser feito.

As suas apresentações não poderiam ter sido mais diferentes. O método de Schwinger era matematicamente difícil, mas a matemática envolvida era de um tipo familiar aos físicos da platéia. Ainda que não tenham acompanhado todos os detalhes, sabiam que não teriam dificuldade em compreender a renormalização quando estudassem a

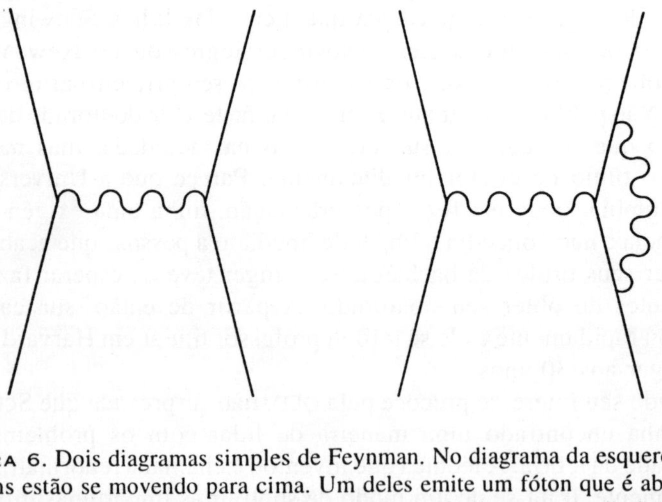

FIGURA 6. Dois diagramas simples de Feynman. No diagrama da esquerda, dois elétrons estão se movendo para cima. Um deles emite um fóton que é absorvido pelo outro. A linha ondulada representa o fóton. O diagrama da direita mostra uma interação similar. Aqui, um dos elétrons emite um segundo fóton e depois o reabsorve. Como muitas interações diferentes podem ocorrer, os diagramas de Feynman podem se tornar bastante complexos.

técnica mais detidamente depois. Feynman, por outro lado, traçou vários desenhozinhos, usou truques matemáticos desconhecidos e falou sobre um novo tipo de matemática que inventara para exprimir suas idéias. Os cientistas ficaram ali ouvindo, perplexos. Em certa altura, Bohr, que estava na platéia, fez algumas observações indicando não saber ao certo se Feynman ao menos compreendera os princípios básicos da mecânica quântica.

Terminada a conferência, Schwinger e Feynman compararam suas anotações. Nenhum dos dois compreendeu realmente o método do outro. Descobriram, contudo, que quando faziam certos cálculos específicos, obtinham as mesmas respostas. Talvez suas matemáticas fossem diferentes, mas seus métodos continham a mesma física.

Em 1949, o físico anglo-americano Freeman Dyson provou que os métodos de Schwinger e Feynman eram matematicamente equivalentes e os dois partilharam o mérito pela descoberta da renormalização com o físico japonês Shin'ichiro Tomonaga, que descobriu o método de Schwinger independentemente. Hoje, os físicos que trabalham com a QED usam quase sempre o método de Feynman, por ser matematicamente menos difícil que o de Schwinger e porque os desenhozinhos de Feynman (hoje chamados diagramas de Feynman) proporcionam uma representação intuitiva do processo que está tendo lugar.

A QED é uma teoria extremamente matemática e a renormalização foi uma técnica concebida para eliminar um problema matemático, o aparecimento de quantidades infinitas. É possível, no entanto, dizer algo sobre seu significado físico. Lembre-se que a QED representa o elétron como uma partícula com carga infinita e massa infinita que é protegida por uma nuvem de partículas virtuais. De fato, a renormalização é uma maneira de totalizar as contribuições das partículas virtuais de modo a remover essas infinidades.

Um horrível rangido

Era a renormalização realmente um processo lógico-matemático? Dirac achava que não. Via nela uma maneira de evitar problemas fundamentais e continuou a ser crítico do método até morrer. "Isso simplesmente não é matemática sensata", dizia. "Em matemática sensata se despreza uma quantidade quando ela é pequena — não porque é infinitamente grande e você não a deseja!" Mesmo Feynman concordava até certo ponto; a renormalização, disse ele, "é o que chamaria de um processo maluco! Ter de lançar mão dessa prestidigitação nos impediu de provar que a teoria da eletrodinâmica quântica é matematicamente coerente... Desconfio que a renormalização não é matematicamente legítima".

Howard Georgi, físico da Universidade de Harvard, usou uma linguagem ainda mais colorida para qualificar a QED e o processo de renormalização. Comparou a QED com um carro que "faz um horrível rangido e, depois de um ou dois minutos, começa a soltar fumaça, fica com um cheiro medonho e pára de andar". Mas se a teoria é renormalizada, nas palavras de Georgi, "eu acelero o motor e esmurro o painel, o rangido desaparece e o carro anda que é uma beleza".

Como Georgi sugere, a renormalização fez da QED uma teoria notavelmente bem-sucedida. A QED forneceu previsões que foram experimentalmente verificadas com precisão melhor que uma parte em dez bilhões. Além disso, ela explica não só a interação da luz com a matéria, mas também a natureza das forças elétrica e magnética. Segundo a QED, partículas carregadas interagem entre si pela troca de fótons. Cada partícula emite fótons que são absorvidos por outros. Tais interações podem levar a forças tanto atrativas quanto repulsivas. É a troca de fótons que faz com que dois elétrons se repilam um ao outro, e é a troca de fótons que é responsável pela força de atração entre um elétron e um próton.

Isso pode ser ilustrado por uma analogia. Suponha que dois patinadores estejam jogando uma bola pesada um para o outro. Quando joga a bola, o primeiro patinador recua um pouco. Quando o segundo a apanha, é ligeiramente empurrado para trás. O lançamento da bola de um lado para outro cria uma espécie de força repulsiva. Suponha agora que os patinadores estão de costas um para o outro e lançando um bumerangue. Quando o primeiro arremessa o bumerangue, é empurrado em direção ao segundo. Se o bumerangue voa num círculo de modo a ser apanhado pelo segundo patinador, o segundo será empurrado em direção a ele. Reconheço que este exemplo é um pouco forçado, mas não deixa de mostrar como uma força atrativa se produziria.

FORÇAS FORTES E FRACAS

A lista dos sucessos teóricos não termina aqui. Existem outras teorias quânticas de campo renormalizáveis modeladas pela QED que também se revelaram extremamente bem-sucedidas. Por exemplo, uma teoria chamada cromodinâmica quântica, ou QCD,* explica a estrutura de partículas como prótons e nêutrons e as forças que as aglutinam nos núcleos atômicos.

Prótons e nêutrons são compostos de quarks. Um próton contém um quark *down* e dois quarks *up*, ao passo que um nêutron contém dois quarks *down* e um quark *up*. Aqui, as palavras *up* e *down* não devem ser tomadas literalmente. São meros nomes. Há na verdade seis quarks ao todo, mas os outros quatro — os quarks *strange*, *charm*, *top* e *bottom* — não são constituintes da matéria comum; constituem partículas que só são vistas em laboratório.

Os quarks transportam um tipo de carga análoga a cargas elétricas positivas. Mas há uma importante diferença. As "cargas" dos quarks se apresentam em três variedades em vez de duas. Elas são chamadas vermelho, verde e azul, dos nomes das três cores primárias da luz. Mais uma vez, não tome os nomes literalmente. Os quarks não têm cor no sentido comum do termo; isso seria impossível, porque são muito menores que os comprimentos de onda da luz. Se alguém chamasse as cargas de *plus*, *minus* e *extra* ou mesmo de Hans, Gretchen e Amy Jo, nada mudaria.

Assim como partículas positiva e negativamente carregadas interagem trocando fótons, os quarks mantêm-se coesos porque trocam partículas chamadas glúons. A força criada pelos glúons dá origem à chamada força forte, que aglutina prótons e nêutrons nos núcleos. A força forte é extremamente poderosa; supera facilmente a repulsão que existe entre pares de prótons positivamente carregados. Com a distância, porém, sua força se reduz rapidamente a zero. Trata-se portanto de uma força que só opera no interior do núcleo.

Há quatro forças na natureza: a força forte, a força fraca, a força eletromagnética e a gravidade. A força fraca também opera somente dentro do núcleo; é responsável por certos tipos de reação nuclear, como o decaimento beta (a emissão de um elétron por um núcleo). Diferentemente das forças forte e eletromagnética, a força fraca não pode ser renormalizada. No entanto, uma teoria quântica de campo que combine a força fraca com a força eletromagnética pode. A teoria dessa força "eletrofraca" prevê a existência de novas partículas, chamadas W e Z (descobertas em 1983).

---

* *Quantum Chromodynamics*. (N.R.)

A força da gravidade não pode ser renormalizada. Mesmo assim, devemos concluir que a QED e teorias modeladas por ela fornecem uma explicação fundamental para todos os fenômenos naturais, exceto a gravidade. Há inconvenientes, porém. Por exemplo, a QED não nos diz quais seriam a massa e a carga do elétron. É necessário "inserir" os valores observados dessas quantidades. E, é claro, os físicos gostariam de poder mostrar que as teorias que usam são matematicamente coerentes. Mas, como Feynman observou, isso possivelmente não pode ser feito. Muito provavelmente subtrair infinidades é um procedimento ilegítimo.

A EXPLICAÇÃO DE TUDO

Há muito os físicos vêm buscando uma teoria que seja capaz de explicar todas as forças da natureza. Em outras palavras, gostariam de descobrir um análogo da teoria eletrofraca que combine todas as quatro forças, não apenas duas. Tal teoria teria enorme apelo estético; é sempre bom ser capaz de amarrar tudo num pacotinho bem-feito. Além disso, iria provavelmente prever novos fenômenos naturais, como as partículas W e Z que apareceram quando as forças eletromagnética e fraca foram combinadas. Finalmente, os cientistas suspeitam de que, se fosse encontrada, tal teoria unificada preveria as cargas e as massas de partículas observadas. Saberíamos, por exemplo, por que um próton é 1.836 vezes mais pesado que um elétron.

Tentativas diretas de criar tal teoria não tiveram muito sucesso. Várias teorias tentam combinar as forças forte, fraca e eletromagnética. Mas ninguém sabe qual dessas "teorias da grande unificação" tem maior possibilidade de ser verdadeira, se é que alguma tem. Além disso, não se fez nenhuma tentativa de incluir a quarta força, a gravidade, dentro dessa estrutura teórica. A razão disso é que, num certo sentido, a gravidade é mais complicada que as outras forças. Segundo a teoria geral da relatividade de Einstein, o próprio campo gravitacional cria força gravitacional adicional. Poderíamos dizer que a gravidade gravita. Foi esse comportamento complexo que impediu os cientistas de encontrar qualquer teoria renormalizável da gravitação.

Há, contudo, uma outra abordagem que poderia permitir finalmente aos físicos descobrir uma teoria de todas as forças e eliminar também a dependência para o processo de renormalização. É a chamada teoria das supercordas.

A TEORIA KALUZA-KLEIN

Em 1919, o físico polonês Theodor Kaluza criou uma versão da teoria geral da relatividade de Einstein que tentava explicar tanto a força gravitacional quanto a força eletromagnética. Enviou-a então para Einstein, na esperança de obter sua aprovação. Einstein gostou de algumas idéias de Kaluza, mas sugeriu que ele trabalhasse mais na teoria antes de publicá-la. Como naquela época só se podia propor um artigo a uma revista científica se um cientista renomado o referendasse, a teoria de Kaluza permaneceu inédita por dois anos.

Então, em 1921, o matemático alemão Hermann Weyl propôs uma teoria em que tentava unificar a gravidade e o eletromagnetismo de maneira um tanto diferente. Ao que se supõe, Einstein não se impressionou com ela. "Sua abordagem parece de todo modo ser mais pertinente que a de H. Weyl", ele escreveu a Kaluza. Em seguida, recomendou o artigo de Kaluza para publicação.

A teoria de Kaluza tinha cinco dimensões. Começava com o pressuposto de que havia quatro dimensões de espaço e uma de tempo. A soma da dimensão extra tornava possível conceber o eletromagnetismo e a gravidade como dois aspectos diferentes da mesma força básica. A teoria tinha vários inconvenientes. Por exemplo, não era capaz de explicar fenômenos quânticos, nem por que a dimensão extra do espaço não era observada.

Algumas das deficiências da teoria foram sanadas pelo físico sueco Oscar Klein em 1926. Klein mostrou que uma versão quântica da teoria de Kaluza poderia ser possível e sugeriu uma razão para a dimensão especial extra — se é que ela realmente existia — não ser vista. Ela poderia estar compactada, ou "enrolada" em dimensões muitos pequenas, algo na ordem de 10^{-32} centímetros,[3] o que é cerca de 10^{20} vezes menos que o diâmetro de um núcleo atômico.

Para entender o que Klein tinha em mente, imagine que você enrola uma folha de papel bidimensional num tubo. Em seguida, imagine que o tubo pode ser enrolado de maneira tão apertada quanto você queira; seu diâmetro pode ser tornado arbitrariamente pequeno. Sob tais circunstâncias, o tubo diminuirá em largura até começar a

3 10^{-32} é o número 1 dividido por 10^{32}. Pode ser escrito como um decimal com 31 zeros depois da vírgula precedendo o numeral 1.

parecer uma longa e fina vareta. Uma das duas dimensões originais terá quase desaparecido.

Na teoria de Klein, o universo inteiro tem uma circunferência de 10^{-32} centímetros ao longo de uma das quatro dimensões espaciais, enquanto as outras três permanecem normais. Se algum objeto pudesse se deslocar ao longo da dimensão compactada, poderia circunavegar o universo transpondo uma distância muitas vezes menor que o diâmetro de um núcleo atômico. Naturalmente, a dimensão extra, se é que existia, não podia ser observada. Não era possível ver nada de tão pequeno no tempo de Klein, como não é possível hoje. No momento, os aceleradores mais potentes podem investigar a natureza da matéria apenas até um nível de cerca de 10^{-17} centímetros. O número 10^{-32} é 10^{15} (um milhão de bilhões) vezes menor. Para ser capaz de "ver" objetos desse tamanho, um acelerador teria de ser aproximadamente um milhão de bilhões de vezes mais potente que qualquer um dos hoje existentes.

Depois que Klein publicou seus resultados, Einstein e Pauli fizeram ambos um trabalho teórico adicional, mas seus esforços logo foram abandonados e a teoria Kaluza-Klein foi esquecida. Continuou esquecida por quase meio século, até que a idéia de dimensões espaciais adicionais foi revivida por cientistas que trabalhavam na teoria das supercordas.

SUPERCORDAS

Se cinco dimensões espaço-temporais são necessárias para unificar duas das forças, parece razoável que venhamos a precisar de mais ainda se quisermos explicar todas as quatro forças da natureza. De fato, as teorias das supercordas contemporâneas usam bem mais. Elas são geralmente formuladas em dez dimensões — nove dimensões espaciais e uma de tempo. As seis dimensões espaciais extras são compactadas, chegando a um tamanho de cerca de 10^{-33} centímetros.

Na teoria das supercordas, as partículas não são pontos. São concebidas como pequenos laços vibrantes, ou supercordas, com tamanhos aproximadamente iguais aos das dimensões compactadas, 10^{-33} centímetros. Como as partículas não são pontos, há esperança de que se uma teoria das supercordas bem-sucedida vier um dia a ser descoberta, as infinidades não aparecerão e a renormalização não será necessária.

Mas isso é um grande *se*. A teoria das supercordas foi descrita como a física do século XXI descoberta por acidente no século XX. Ela é matematicamente muito complicada. Além disso, muitas diferentes teorias das supercordas são possíveis. Enquanto escrevo, há cinco delas, e cada uma tem muitos milhares de diferentes soluções possíveis. O número de teorias é multiplicado pelo fato de que ali onde uma dimensão extra pode ser enrolada de um único modo, seis dimensões extras podem se enrolar em torno de si mesmas e umas às outras de muitas maneiras. Assim, o número de diferentes versões possíveis da teoria das supercordas é assombroso.

Os teóricos das supercordas fizeram algum progresso. No entanto, concorda-se em geral que talvez se passem décadas antes que se encontre uma teoria que descreva precisamente o mundo subatômico, se é que isso ocorrerá um dia. E mesmo que tal teoria seja encontrada, provavelmente nunca será possível realizar um experimento que confirme a real existência das supercordas. Não é certo nem mesmo que um acelerador de partículas do tamanho de uma galáxia seria capaz de investigar a estrutura da matéria em tal nível. Por outro lado, uma teoria das supercordas bem-sucedida iria provavelmente resolver o problema das infinidades que são encontradas na teoria quântica de campo, ao mesmo tempo em que forneceria uma explicação unificada das quatro forças.

UMA TEORIA DE TUDO OU UM BECO SEM SAÍDA?

Não há concordância entre os físicos quanto à probabilidade de êxito na busca de uma teoria das supercordas conveniente. Alguns comparam a descoberta teórica das supercordas com a descoberta da mecânica quântica em 1925. Outros pensam que os teóricos das supercordas se envolveram numa procura inútil. Feynman, por exemplo, qualificou a teoria das supercordas rudemente de "disparate" e Stephen Hawking somou sua voz à dos céticos. Encontram-se ganhadores do Nobel de ambos os lados da controvérsia. Alguns criticam a teoria, enquanto outros a chamam de "a única alternativa" e expressam a esperança de que venha a ser finalmente encontrada uma teoria que explique "tudo".

Quando os físicos falam de uma teoria de "tudo", referem-se a uma teoria que explicará as quatro forças. Pois se as forças na natureza forem compreendidas, todas as outras leis da física poderiam provavelmente ser derivadas da teoria. Naturalmente, não se usariam as complexas equações de supercordas nos cálculos cotidianos, como para determinar a pressão num balão de hélio ou o aquecimento do elemento de uma lâmpada elétrica, mas pelo menos em princípio isso poderia ser feito.

Por outro lado, muitos físicos pensam que nenhuma teoria de tudo será jamais encontrada. Consideram que a natureza é inexaurível, que os físicos encontrarão teorias que são aproximações cada vez melhores, exatamente como o fizeram no passado, e que esse processo nunca terá fim. Poderíamos dizer até que eles acreditam que o número de diferentes níveis de compreensão possíveis que pode ser alcançado teoricamente é infinito.

COMUNICADO DE ÚLTIMA HORA

Depois que escrevi este capítulo, soube que experimentos realizados no Fermi National Accelerator Laboratory (geralmente chamado Fermilab), em Illinois, sugerem que os quarks podem ter constituintes menores. Uma grande equipe de experimentadores fez com que prótons e antiprótons colidissem uns com os outros em altas energias. Nessas colisões, os quarks que são os constituintes dos prótons, interagem uns com os outros. Assim, as forças entre quarks podem ser estudadas.

A idéia subjacente ao experimento foi a mesma que norteou os experimentos de Rutherford do início do século XX. A grande diferença foi que prótons e antiprótons colidiram com energias mais de 100.000 vezes maiores que as partículas alfa de Rutherford. Portanto, a natureza da matéria pôde ser investigada num nível muito menor.

Os experimentos verificaram que quando a estrutura da matéria era sondada em dimensões entre 100 e 1.000 vezes menores que as de um próton, os resultados concordavam com a teoria existente. Em dimensões menores que essas, porém, os dados começaram a divergir das previsões teóricas. Uma interpretação possível desse resultado é que os quarks se compõem de partículas menores, e que essas partículas subquarks estavam interagindo entre si.

A partir desse escrito, é cedo demais para saber se essa idéia será confirmada em experimentos posteriores, ou quais poderiam ser as implicações dessa descoberta. Provavelmente se passará muito tempo antes que se chegue a quaisquer conclusões definitivas. São necessários anos de esforços para extrair a informação pertinente das imensas quantidades de dados produzidas nos experimentos conduzidos nos modernos aceleradores de partículas. Os dados que sugerem que os quarks podem ter componentes, por exemplo, foram obtidos em experimentos efetuados em 1992 e 1993, mas os resultados ainda não haviam sido anunciados até o início de 1996.

No momento, há apenas sugestões de que os quarks têm componentes, e ainda não se sabe realmente quais poderiam ser as implicações disso. Assim, consideremos algumas possibilidades:

1. É possível que essa idéia não se confirme. Nesse caso, nada terá mudado. Vários casos em que físicos experimentais pensaram ter descoberto uma nova partícula mais tarde se revelaram equívocos. E, na situação presente, nenhuma nova partícula foi descoberta ainda. Há somente indícios de que elas poderiam existir.

2. Se ficar provado que os quarks têm partículas constituintes, isso abre a possibilidade de também elas não serem elementares — poderiam ter seus próprios constituintes. Em tal caso, é concebível que o número de níveis seja infinito. Cada partícula poderia ser composta de partículas ainda menores. Os átomos são feitos de elétrons, prótons e nêutrons. Nêutrons e prótons são feitos de quarks. Os quarks são feitos de algum tipo de partícula nova. E não há razão para parar aí. A realidade física poderia se assemelhar a uma cebola, com um número infinito de camadas.

Mas se os quarks tiverem constituintes, muito provavelmente jamais saberemos se há ou não algum nível fundamental em que as partículas são verdadeiramente elementares. Quanto mais profunda for a investigação na estrutura da matéria, maiores as quantidades de energia exigidas. Há certos limites práticos, de que já estamos nos aproximando neste momento.

3. Duas famílias básicas de partículas foram descobertas, os quarks e um grupo de partículas chamadas léptons. Cada família tem seis membros. O elétron é membro do grupo lépton. Se for constatado que os quarks têm constituintes, será razoável suspeitar que os léptons, entre os quais o elétron, talvez não sejam elementares também. Se o elétron tiver constituintes, então, como o próton e o nêutron, ele tem algum tamanho definido; suas partículas constituintes iriam interagir em algum volume de espaço pequeno, mas finito. Alguma compreensão dos constituintes do lépton poderia apontar o caminho para a descoberta de métodos que eliminariam as infinidades na QED.

4. Não é claro quais são as implicações de tudo isto para a teoria das supercordas. É possível que a teoria das supercordas venha a ser

desacreditada. Pode ser também que ela venha a se mostrar capaz de explicar o comportamento dos constituintes dos quarks, se é que eles existem. Uma coisa é clara — esses constituintes hipotéticos do quark quase certamente não são supercordas, que seriam pequenas demais para ser vistas.

7

Era uma vez uma garota esperta

Era uma garota esperta, / muito mais rápida que a luz. /
Um dia ela partiu / do jeito relativo / e chegou de volta na véspera.*

Estes versinhos muito citados, que apareceram pela primeira vez na revista britânica *Punch* muito tempo atrás, quando as teorias de Einstein começavam a chegar ao conhecimento do público mais amplo, descreve com bastante precisão uma das implicações da teoria especial da relatividade de Einstein. A teoria nos diz que se alguma coisa — quer seja um objeto material ou um sinal — pudesse se deslocar com velocidade maior que a da luz, seria capaz de se deslocar do futuro para o passado.

Como muitas conclusões surpreendentes na física, a idéia de que a viagem mais rápida que a luz pode, sob certas circunstâncias, ser também uma viagem no tempo pode ser deduzida de alguns pressupostos muito simples. A teoria especial se apóia em apenas dois. O primeiro é que a velocidade da luz, tal como medida por qualquer observador, é sempre a mesma. O segundo é que as leis da física parecerão as mesmas para qualquer observador num estado de movimento uniforme. "Uniforme", aqui, significa "com uma velocidade constante numa direção fixa". A distinção entre movimento uniforme e não-uniforme é importante. Por exemplo, uma passageira de um avião que está se movendo com velocidade constante numa linha reta sente a mesma força da gravidade que na superfície da Terra e pode caminhar para frente e para trás pelo corredor como caminharia pelo corredor de um auditório. Mas se de repente o avião encontrar turbulência e perder altura, a coisa pode mudar de figura. Em condições

* There was a young lady named Bright / Who traveled much faster than light. / She started one day / In the relative way, / And returned on the previous night. (N.T.)

extremas, uma bandeja de comida pode até parecer estar levantando vôo.

A idéia de relatividade não é na verdade nada de novo. Galileu e Newton sabiam que o movimento era relativo. Tinham conhecimento de que um passageiro num navio em movimento por um mar calmo pode, se quiser, considerar que o navio está em repouso. Como Galileu assinalou, um objeto que se deixa cair de um mastro parecerá cair diretamente para baixo rumo ao convés, quer a embarcação esteja se movendo pela superfície do oceano ou não. A única coisa que importa é o movimento do objeto em relação ao navio.

Na verdade, somos todos relativistas naturais. Uma pessoa sentada numa cadeira vai geralmente se considerar "imóvel", ainda que a Terra esteja girando em seu eixo e revolvendo-se em torno do Sol, enquanto o Sol se revolve em torno do centro de nossa Via Láctea, que por sua vez se move em relação a outras galáxias no espaço. Nenhum desses movimentos é uniforme. O movimento circular, por exemplo, não é uniforme porque não se dá em linha reta. Para os propósitos da vida cotidiana, no entanto, esses movimentos se aproximam o suficiente da uniformidade.

UM PROBLEMA COM A ELETRODINÂMICA

Quando Einstein começou a pensar sobre a relatividade nos primeiros anos do século, havia uma exceção clamorosa ao princípio segundo o qual as leis da física deviam ser sempre as mesmas para qualquer estado de movimento uniforme. As leis da eletricidade e do magnetismo, ou eletrodinâmica, não eram sempre as mesmas. Por exemplo, se um ímã é movido, cria-se um campo elétrico. Esse campo elétrico pode, por sua vez, induzir uma corrente elétrica num fio próximo. Este é o princípio em que a geração da eletricidade se baseia. Os geradores elétricos contêm ímãs em rápido movimento.

Da mesma maneira, se o magneto ficar imóvel mas o fio for movido, uma corrente elétrica será igualmente gerada. Neste caso, contudo, as leis da eletrodinâmica descreviam o fenômeno de maneira diferente. Elas ainda previam o aparecimento de uma corrente, mas pareciam dizer que não havia campo elétrico; não podia haver se o ímã não se movia.

Na época de Einstein, todo mundo — ou pelo menos todos os físicos — sabia que havia algo de esquisito nisso. Se o movimento relativo era tudo que importava, por que deveriam as leis físicas descrever os dois casos de maneira diferente? Todo mundo sabia disso, mas ninguém comentava; a contradição era convenientemente ignorada. Como Ronald W. Clark, um biógrafo de Einstein, expressou, levantar questões sobre essa dificuldade "era cuspir num lugar sagrado".

Mas Einstein nunca foi de aceitar cegamente a autoridade, e levantou questões incômodas. Enquanto ainda adolescente, percebeu que havia algo de paradoxal com a teoria eletromagnética aceita. Estava bem estabelecido que as ondas luminosas eram compostas de campos elétricos e magnéticos rapidamente oscilantes. Mas e se alguém seguisse uma onda luminosa com a velocidade da luz? Nesse caso, os campos iriam parecer imóveis, tal como uma onda do mar pareceria imóvel a alguém que voasse sobre ela com velocidade igual à do seu deslocamento. Na ausência de cargas elétricas e de ímãs, porém, não existem campos elétricos e magnéticos imóveis na natureza. Assim, se o deslocamento com a velocidade da luz fosse possível, ver-se-ia algo claramente impossível.

Em 1905, Einstein publicou um artigo com o modesto título "Sobre a eletrodinâmica dos corpos em movimento", em que mostrou que as contradições existentes na teoria eletrodinâmica poderiam ser eliminadas mediante o pressuposto que a velocidade da luz pareceria a mesma para todo observador em estado de movimento uniforme. Esse artigo lançou os fundamentos da teoria especial da relatividade de Einstein. Ele continha todos os resultados importantes da teoria, exceto aquele concernente à equivalência de massa e energia. A famosa equação de Einstein, $E = mc^2$ apareceu num segundo artigo sobre relatividade, publicado mais tarde naquele ano.

A idéia de que a velocidade da luz seria sempre a mesma parece um pouco surpreendente de início. Por exemplo, suponha que uma nave espacial está imóvel com relação a uma estrela. Se as pessoas dentro da nave medirem a velocidade da luz que as atinge, vão verificar que ela se desloca a 300.000 quilômetros por segundo. Se a nave espacial for então acelerada, alcançando metade da velocidade da luz, em direção à estrela ou afastando-se dela, os tripulantes vão obter o mesmo resultado. Da mesma maneira, se um feixe de luz for emitido pela nave espacial, ele partirá com a mesma velocidade de 300.000 quilômetros por segundo, quer a nave tenha alcançado uma alta velocidade ou não.

Que tais coisas aconteçam parece uma afronta ao senso comum. No entanto, como vimos no Capítulo 6 sobre mecânica quântica, fenômenos que contrariam a intuição são lugar-comum num reino tão afastado do mundo da experiência cotidiana. A mecânica quântica nos diz que não podemos esperar que os objetos do mundo subatômico se comportem tal como os grandes objetos macroscópicos. De maneira semelhante, a relatividade nos diz que objetos que se movem com velocidades próximas à da luz não agirão do mesmo modo que os que se movem relativamente devagar. Evidentemente, isso se aplica também à própria luz, que se move com a velocidade da luz por definição.

O EXPERIMENTO MICHELSON-MORLEY

A relatividade não era uma teoria especulativa. Como Einstein assinalou, ela se destinava a explicar fatos experimentais observados. Quando Einstein propôs a teoria, já havia indícios de que o estado de movimento não afetava as medições da velocidade da luz. Em 1887, o físico alemão-americano Albert Michelson e o químico americano Edward Morley realizaram um experimento muito discutido em que tentaram comparar a velocidade da luz em diferentes direções com relação ao movimento da Terra. Medidas diretas da velocidade da luz em diferentes direções teriam sido de pouca valia. Não seria possível efetuá-las com precisão suficiente para determinar se não havia nenhuma discrepância. Por isso Michelson e Morley usaram conjuntos de espelhos que faziam com que um feixe de luz se deslocasse em duas direções diferentes ao mesmo tempo. O experimento fora planejado para detectar diferenças nas velocidades da luz, o que era algo que podia ser medido. A seguinte analogia deve clarificar o que estavam fazendo. Suponha que você esteja observando alguns corredores numa corrida de 100 metros. Se você não tiver um cronômetro, é difícil medir as velocidades médias com que eles correm. Por outro lado, é fácil determinar se um corredor é um pouco mais veloz ou um pouco mais lento que outro. Basta ver quem cruza a linha de chegada primeiro.

Michelson e Morley tinham plena confiança de que obteriam um resultado positivo. Na época, os físicos acreditavam que a luz era transportada por uma substância chamada éter, que preenchia todo o espaço. Raciocinavam que, se a luz consistia em vibrações eletromagnéticas, tinha de haver certamente algo em cujo interior ela vibrava.

Todos os demais tipos de oscilação de que tinham conhecimento exigiam o movimento de alguma substância física. As ondas sonoras, por exemplo, consistiam no movimento de moléculas de ar. Não havia razão para esperar que a luz fosse diferente.

Para sua surpresa, Michelson e Morley obtiveram um resultado negativo. Não conseguiram detectar diferenças na velocidade da luz quando ela se deslocava em diferentes direções. Não fazia a menor diferença que um feixe de luz se propagasse na direção em que a Terra se move, na direção oposta ou numa direção perpendicular. Sua velocidade era sempre a mesma. E uma vez que o feixe de luz era supostamente transportado por um éter estacionário através do qual a Terra se deslocava, aquilo era realmente um enigma.

A teoria do éter não sobreviveria por muito tempo. Como o próprio Einstein mostrou em seu artigo sobre a relatividade, o fracasso das tentativas de detectar o éter a tornavam uma hipótese desnecessária. De fato, a idéia de um éter não teria sido compatível com a relatividade. Se tal coisa existisse, o movimento não seria relativo. Qualquer observador estaria sempre imóvel em relação ao éter ou estaria se movendo através dele. Einstein resolveu o problema do éter simplesmente descartando a idéia. É claro que estava certo. Hoje, os físicos não vêem contradição alguma na idéia de que as ondas eletromagnéticas podem se mover através de um espaço vazio.

MUDANÇA DE PERSPECTIVAS NO TEMPO

A idéia de que a velocidade da luz é a mesma para todos os observadores conduz a alguns resultados surpreendentes. Por exemplo, dois eventos que um observador considera simultâneos geralmente não parecerão acontecer ao mesmo tempo do ponto de vista de um outro observador. Se um observador pensa que o evento A e o evento B ocorrem simultaneamente, um segundo pensará que A aconteceu primeiro, enquanto um terceiro vai concluir que B foi primeiro.

Isso pode ser ilustrado por um experimento mental. Suponha que um navio está navegando junto à costa numa noite escura e que se vejam relâmpagos em dois lugares ao longo do litoral. Suponha em seguida que um observador está postado na praia num ponto intermediário entre os dois relâmpagos. Como a luz de cada um dos relâmpagos o atinge ao mesmo tempo, conclui que são simultâneos.

Agora suponha que o navio também está eqüidistante dos dois relâmpagos e que está se afastando de um deles e rumando em direção ao outro. Como o navio está se afastando de um conjunto de ondas de luz e se aproximando de outro, um observador a bordo não verá os dois relâmpagos simultaneamente. Um deles chegará uma minúscula fração de segundo mais cedo. Mas o observador no navio tem tanto direito a se considerar imóvel como a pessoa na praia. E se um clarão é visto antes do outro, tem toda razão ao concluir que esse relâmpago ocorreu primeiro.

Na prática, a diferença entre os tempos de chegada dos dois relâmpagos seria pequena demais para ser medida. Contudo, se dois clarões fossem vistos por um observador numa nave espacial que se deslocasse com uma fração considerável da velocidade da luz (comparado a algum observador "estacionário"), a diferença poderia ser bastante grande. Se os clarões fossem suficientemente distanciados um do outro, e a velocidade do observador suficientemente grande, a diferença poderia ser uma questão de anos. O observador "estacionário", no entanto, poderia vê-los como acontecendo ao mesmo tempo.[1]

Quando um objeto tridimensional é visto de diferentes ângulos, as imagens visuais que ele produz mudam. Por vezes dizemos que somos capazes de vê-lo de diferentes perspectivas. A teoria da relatividade de Einstein nos diz que podemos ver também o tempo de diferentes perspectivas. A ordem temporal de dois eventos pode parecer diferente para diferentes observadores segundo seu estado de movimento.

Mas a ordem temporal de dois eventos nem sempre pode ser invertida. Se estiverem suficientemente próximos um do outro no espaço, ou suficientemente distantes um do outro no tempo, todos os observadores verão um acontecer antes do outro. Não há, por exemplo, nenhum estado de movimento possível capaz de levar um observador a concluir que a bomba atômica foi lançada sobre Hiroshima antes do ataque a Pearl Harbor. E não há nenhum estado de movimento possível capaz de levar um observador a ver um batedor golpear uma bola de beisebol antes de o lançador fazer seu arremesso. Ou pelo menos isso não pode acontecer se o observador estiver se movendo com velocidade menor que a da luz.

---

1 Ponho a palavra *estacionário* entre aspas aqui porque este é um conceito arbitrário. Qualquer observador que não está sendo acelerado pode se considerar estacionário.

O ARREMESSO MAIS RÁPIDO QUE A LUZ

Retornemos à nossa Liga Celeste. Babe está se sentindo frustrado. É o sexto turno do segundo jogo de uma partida dupla e ele não deu uma só batida o dia todo. O lançador que tem pela frente é um dos melhores. Quando ele está realmente estimulado, ninguém consegue rebater uma bola sua, pois as bolas que arremessa com força total correm com velocidade maior que a da luz.

O problema com esses arremessos mais rápidos que a luz é que o batedor nunca os vê antes que cheguem à luva do apanhador, pois eles ultrapassam a luz refletida por suas superfícies. Na verdade, um arremesso mais rápido que a luz parece seguir às avessas do apanhador para a mão do lançador; a luz que era refletida pela superfície da bola quando ela estava a meio caminho da base do batedor chega *depois* da própria bola, e a luz refletida no momento em que ela foi arremessada chega ainda mais tarde.

Do ponto de vista da bola, as coisas também parecem estranhas. Quando ela segue seu caminho rumo ao batedor, voa mais rápido que a luz refletida pelo lançador. Se houvesse um observador em cima da bola (podemos supor, se quisermos, que um anjinho resolveu pegar uma carona), ele veria primeiro a bola escapar da mão do lançador e, em seguida, quando a luz de momentos posteriores chegasse, poderia ver o lançador girar o braço para trás para arremessar.

Bem, como todo mundo sabe, Deus é um torcedor apaixonado dos Yankees. Ao ver que Seu jogador favorito não deu nenhuma batida, Ele decide guiar o bastão de Babe. Assim que outra bola mais rápida que a luz é lançada, Babe se vê acertando-a com uma bastonada mais rápida que a luz. Mas, em vez de fazer um *home run*, Babe dá uma daquelas rebatidas em arco alto pelas quais é famoso. A bola voa para cima, ainda com velocidade maior que a da luz. À medida que ela alcança progressivamente os raios de luz que deixaram o campo momento antes, o anjo que viaja na bola olha para baixo e vê todo o jogo sendo jogado de trás para diante. Bolas altas são rebatidas por luvas de jogadores da defesa, formam um arco rumo a bastões que são brandidos ao contrário, para depois quicar nas mãos do lançador. Enquanto isso, tentos vão gradualmente desaparecendo do placar.

E, evidenemente, o anjo nunca vê o árbitro, que está lá de pé coçando a cabeça, perguntando a si mesmo se uma bola que saiu do estádio indo para cima deveria ser considerada um *home run* ou uma retirada automática de campo.

ENERGIA INFINITA

Quando se viaja mais rápido do que a luz, os efeitos, como a intrépida garota esperta descobriu, não são mera ilusão; se tal coisa fosse possível, poderíamos realmente nos transportar para o passado. E, claro, se isso fosse possível, complicados paradoxos resultariam. Suponha, por exemplo, que fosse possível enviar um robô numa viagem mais rápida que a luz. O robô poderia ser programado para partir na terça-feira e chegar na noite anterior. Em seguida poderia desmontar a si mesmo — ou melhor, suicidar-se enviando ondas de alta voltagem através de seu delicado cérebro positrônico — um dia antes de partir, tornando a viagem impossível. Se você puder viajar no tempo às avessas, não precisa matar sua avó antes de sua mãe nascer para liquidar com você mesmo. Pode simplesmente se matar.

É claro que viajar no tempo, se fosse possível, jamais se tornaria um método popular de suicídio. Na melhor das hipóteses, isso resultaria num regresso infinito. Se você recuasse no tempo para se matar, não estaria vivo para fazer a viagem. Mas se não estivesse vivo na terça-feira, não poderia retornar e se matar na segunda-feira. Assim, você sobreviveria até terça-feira e poderia retornar para se matar. Mas se você acabasse retornando e se matando... A seqüência é interminável; prossegue indefinidamente.

Naturalmente, se você fosse capaz de se deslocar mais depressa que a luz, poderia ir para o futuro tanto quanto para o passado. Ninguém fala muito sobre a viagem ao futuro, porém, pelo menos entre os físicos. Não há paradoxos associados a ela. O deslocamento para o passado nos permitiria alterar o presente. A viagem para o futuro, não.

Para entender por que a relatividade veda a viagem mais rápida que a luz, vou examinar a situação de dois pontos de vista diferentes. Afinal, segundo a teoria da relatividade, as perspectivas de todos os observadores são igualmente válidas.

Se você estivesse viajando numa nave espacial que tivesse alcançado alta velocidade, jamais alcançaria um raio de luz. Por mais depressa que vá, aquele raio de luz ainda parecerá estar correndo à frente da nave com uma velocidade de 300.000 quilômetros por segundo.

Consideremos também a situação do ponto de vista de um observador na Terra. Segundo a teoria da relatividade, quando um objeto chega a uma alta velocidade, parece que sua massa aumentou. Por exemplo, um objeto de 100 quilos viajando com 90% da velocidade da luz vai parecer pesar apenas pouco menos que 230 quilos. Se a velocidade for igual a 99% da velocidade da luz, sua massa vai aumentar para um pouco mais de 700 quilos. Naturalmente, um observador numa nave espacial não perceberia esse efeito. Na relatividade, muitas coisas parecem diferentes quando observadas de diferentes pontos de vista. O aumento relativístico da massa, aliás, é um efeito que foi observado experimentalmente. Partículas subatômicas que são aceleradas até velocidades próximas à da luz em modernos aceleradores de partículas exibem precisamente os tipos de aumentos de massa que a relatividade prevê.

Do ponto de vista de um observador confinado à Terra, à medida que sua velocidade vai crescendo, a nave espacial se torna cada vez mais pesada. Isso torna progressivamente mais difícil acrescentar cada incremento adicional de velocidade, porque mais energia é requerida. Um objeto pesado, afinal, tem mais inércia que um relativamente leve. É bem mais difícil empurrar um automóvel que uma bicicleta. Se resolvermos a matemática em detalhe,[2] constataremos que é necessária uma quantidade infinita de energia para acelerar um objeto até a velocidade da luz. Como é pouco plausível que quantidades infinitas de energia sejam disponíveis tão cedo, a viagem mais rápida que a luz é igualmente pouco plausível.

O que se observa é que o aparecimento de quantidades infinitas nas equações da física nem sempre resulta em catástrofe. A conclusão de que a velocidade da luz é uma velocidade limitante é um exemplo. Aqui, o aparecimento da infinidade nos diz que alguma coisa não pode acontecer, e a conclusão de que algo é impossível pode ser tão importante quanto a descoberta de que algo é possível. Um outro exemplo, que já encontramos, é o princípio da incerteza de Heisenberg, que afirma ser impossível determinar exatamente a posição e o momento, ou a energia e o tempo de existência, de uma partícula ao mesmo tempo. Como vimos, isso conduziu à importante conclusão de que partículas virtuais deveriam existir necessariamente.

2 Como na verdade a fórmula não é muito complicada, vou dá-la aqui no interesse dos que têm inclinação pela matemática. A massa de um objeto em movimento é igual à sua massa em repouso — sua massa quando não está se movendo — dividida pela raiz quadrada da quantidade $1 - v^2/c^2$. Aqui, v é a velocidade do objeto.

$E = MC^2$

O fenômeno do aumento relativístico da massa e a conseqüente existência de uma "barreira de infinidade" tem uma importância imensamente maior do que de início parece. Foi ele que levou Einstein à famosa fórmula $E = mc^2$. Se o gasto de energia leva a um aumento da massa, disso parece se seguir que os dois devem ser equivalentes de algum modo. Isso instigou Einstein a adotar o pressuposto de que a energia de um corpo era *sempre* igual a mc^2, quer ele estivesse se movendo ou não. Viu então que isso levava diretamente à fórmula correta para o aumento relativístico da massa. A conclusão natural é que, se a infinidade não impedisse os objetos de se mover tão rapidamente quanto a luz, E *não* seria igual a mc^2 e viveríamos num tipo inteiramente diferente de universo. O fato de quantidades infinitas de energia não poderem existir tem implicações muito reais para nossa compreensão do mundo natural.

UMA TEORIA CLÁSSICA

A descoberta da teoria da relatividade foi com certeza um dos maiores feitos da física do século XX, mas ela não foi tão revolucionária quanto a suposição de Bohr de que elétrons orbitais não irradiavam energia. A teoria de Bohr levou à descoberta do estranho mundo da mecânica quântica, ao passo que a teoria de Einstein é na verdade uma extensão da física clássica do século XIX. Embora ambas as teorias tenham transformado o modo como os físicos viam o mundo natural, Einstein desenvolveu idéias existentes, mais do que as transformou. Curiosamente, o conservador Planck, que ficou horrorizado com sua própria hipótese quântica e labutou durante anos na busca de um meio de contorná-la, foi um defensor entusiástico da teoria da relatividade.

Já foi dito que, se Einstein não tivesse descoberto a teoria da relatividade, alguma outra pessoa o teria feito dentro de alguns anos. O matemático francês Henri Poincaré descobriu muitas das idéias associadas com a relatividade (mas não $E = mc^2$) independentemente de Einstein. O físico holandês Hendrik Lorentz foi um precursor a tal ponto importante que nos primeiros anos após o estabelecimento da teoria de Einstein por vezes se faziam referências à teoria de relatividade de "Einstein-Lorentz". Poincaré e Lorentz foram ambos contemporâneos de Einstein, embora um pouco mais velhos. Até que

Einstein surgisse, Lorentz era considerado o mais eminente físico teórico da época. Seus colegas se referiam a ele de vez em quando como "o grande Lorentz".

Assinalar essas antecipações não é menosprezar a realização de Einstein. Ele foi de longe o maior físico de seu tempo. Deu à física não apenas uma, mas muitas contribuições importantes o bastante para lhe valer o Prêmio Nobel.[3] E, embora a teoria especial da relatividade fosse provavelmente ser descoberta por outra pessoa se Einstein nunca tivesse nascido é duvidoso que sua teoria da gravitação, a teoria geral da relatividade, que ele publicou em 1915, poderia ter sido desenvolvida por qualquer pessoa viva na época.

As tentativas teóricas para contornar a barreira da luz geralmente fazem uso da teoria geral de Einstein. Os físicos algumas vezes se perguntaram se essa segunda teoria da relatividade poderia permitir a viagem mais rápida que a luz e a viagem no tempo, ainda que a teoria especial não o fizesse. De certo modo isso parece apropriado. Tem-se a impressão de que a estatura de Einstein como físico era tão grande que seria preciso recorrer ao próprio Einstein para ter alguma esperança de refutá-lo.

A LÍNGUA ALEMÃ E O ESPAÇO "CURVO"

A declaração de Einstein de que ninguém poderia viajar mais rápido que a luz nunca impediu os autores de ficção científica de introduzir a viagem pelo espaço em suas histórias. Fui um leitor voraz de ficção científica na minha adolescência. Mesmo então, a idéia de um "empenamento do espaço" era comumente usada para contornar a barreira da luz. Algo similar é visto hoje nas várias séries *Jornadas nas estrelas*, em que naves são equipadas com "instrumentos de empenamento" para lhes permitir viajar em torno do universo numa "velocidade empenada".

A idéia de um "empenamento" está ligada à idéia do espaço "curvo" tantas vezes mencionada quando a teoria geral de Einstein é discutida. (Vou discutir essa teoria em detalhe nos dois próximos capítulos.) A idéia original parecia ser que, se o espaço fosse curvo,

3 O Prêmio Nobel dado a Einstein em 1922 lhe foi conferido por suas contribuições para a teoria quântica, não por seu trabalho sobre a relatividade.

haveria provavelmente algum meio de empená-lo bastante de modo a chegar rapidamente a algum lugar.

O espaço não é uma "coisa" que possa ser arqueada ou curvada. Quando os cientistas falam de espaço "curvo", querem dizer que corpos gravitantes alteram a geometria do espaço de tal modo que ela não é inteiramente igual à geometria euclidiana que nos ensinaram no secundário. Na geometria euclidiana, os ângulos de um triângulo sempre somam 180°. Na geometria não-euclidiana, a soma dos ângulos pode ser tanto mais quanto menos. A superfície da Terra fornece um bom exemplo disso. As linhas de latitude são todas perpendiculares ao equador; isto é, cortam o equador em ângulos de 90°. Essas linhas se unem todas nos Pólos Norte e Sul. Portanto, duas linhas de latitude e uma seção do equador formam um triângulo. Como os dois ângulos de 90° no equador somam 180° e o ângulo no pólo tem alguma magnitude maior que zero, a soma dos ângulos é mais do que 180°.

A superfície da Terra é curvada numa terceira dimensão do espaço. Por outro lado, como não há nenhuma dimensão espacial adicional em que o espaço tridimensional poderia ser curvo, a situação é um tanto diferente. Seria mais exato falar do espaço de Einstein simplesmente como tendo uma geometria não-euclidiana. Ocorre, contudo, que a maioria dos artigos originais sobre geometria não-euclidiana foram escritos em alemão e a língua alemã não permite a formação de um adjetivo correspondente à palavra "não-euclidiano". Em conseqüência, os matemáticos alemães que escreveram sobre o assunto adquiriram o hábito de usar, em vez dela, o termo curvo. Como os artigos de Einstein sobre relatividade foram também escritos em alemão, o termo foi transportado para o inglês quando eles foram traduzidos.

A expressão "espaço curvo" é usada com tanta freqüência que eu não gostaria de defender sua eliminação. O uso é de fato perfeitamente aceitável contanto que nos lembremos que estamos recorrendo à analogia, e que o espaço não é curvo do mesmo modo que um objeto material poderia ser. Eu próprio usarei o termo em capítulos subseqüentes deste livro. Por outro lado, a expressão empenamento do espaço, tal como usada na ficção científica, não corresponde a nada de real. Se a língua alemã fosse um pouco diferente — e possuísse um termo correspondente a "não-euclidiano" —, os autores de ficção científica teriam muito provavelmente de inventar alguma outra maneira de dar a volta ao universo.

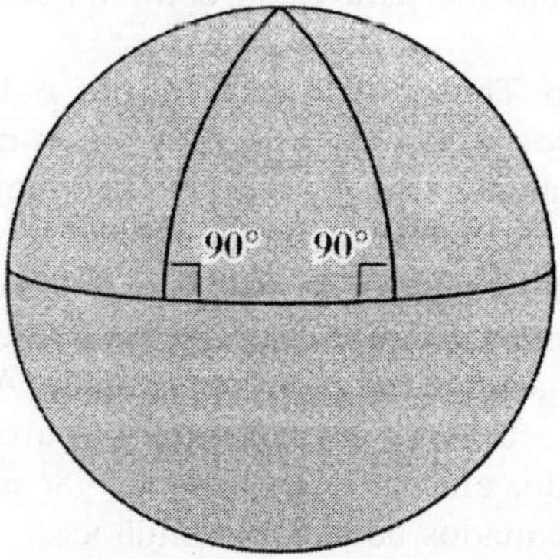

FIGURA 7. A geometria da superfície da Terra é não-euclidiana. A soma dos ângulos de um triângulo é sempre maior que 180º. Por exemplo, a soma dos ângulos de um triângulo formado por linhas de latitude — que se encontram no Pólo Norte — e uma seção do equador será sempre maior que 180º porque as linhas de latitude cruzam o equador em ângulos de 90º.

VOCÊ NÃO PODE CHEGAR LÁ SAINDO DAQUI, OU PODE?

A relatividade geral nos diz que vivemos num mundo com um esquisito tipo de geometria que pode fazer com que um viajante vá parar em lugares para onde ele não imaginaria estar indo — e isso pode incluir igualmente tempos no passado e no futuro. Afinal de contas, como a teoria especial, a relatividade geral é uma teoria do espaço *e* do tempo. Ela nos diz que efeitos gravitacionais podem fazer com que o tempo seja visto de uma perspectiva diferente da habitual.

Em geral não nos damos conta de efeitos relativísticos. Somente cientistas observam partículas se deslocando com velocidades próximas à da luz. Da mesma maneira, as distorções do espaço e do tempo previstas pela relatividade geral só se tornam significativas em campos gravitacionais fortes. Embora testes experimentais da relatividade geral tenham sido conduzidos na superfície da Terra, os efeitos medidos foram pequenos demais para serem vistos por alguém afora os físicos que haviam construído aparelhos de medida muito precisos.

Portanto, não conte fazer uma viagem no tempo tão cedo. Por outro lado, a relatividade geral levou alguns cientistas a refletir sobre a possibilidade de se construir, de algum modo, uma máquina do tempo, ou um mecanismo para viajar com velocidades maiores que a da luz.

Os físicos Kip Thorne, Michael Morris e Ulvi Yurtsever, do Instituto de Tecnologia da Califórnia, sugeriram que uma civilização tecnológica extremamente avançada poderia certamente ter capacidade para construir tal máquina do tempo. Sim, isto soa como ficção científica, e em certo sentido é. Quando o astrônomo Carl Sagan estava escrevendo seu romance *Contact*, pediu a Thorne que sugerisse um método plausível para uma viagem interestelar. A idéia despertou o interesse de Thorne e assim, com Morris e Yurtsever, dois de seus alunos de doutorado, ele começou a investigar as propriedades dos objetos teóricos chamados buracos de minhoca.

Buracos de minhoca são "pontes" que ligariam regiões muito apartadas do espaço. Qualquer coisa que viajasse através de um buraco de minhoca poderia emergir numa região do espaço a milhões de anos-luz de distância. A passagem por um buraco de minhoca não levaria muito tempo. Assim, na verdade, esse objeto teria se deslocado rumo ao seu destino com velocidades muito maiores que a da luz. Embora nunca se tenha observado um buraco de minhoca, as soluções para as equações da relatividade geral admitem sua existência. Não é muito provável, contudo, que venhamos jamais a encontrar buracos de minhoca macroscópicos como os que se vêem na série de televisão *Star Trek: Deep Space Nine*. Cálculos mostraram que, para que tais buracos de minhoca existissem hoje, o universo teria de ter tido um caráter muito improvável, bizarro, quando foi criado no *big bang*.

Por outro lado, buracos de minhoca microscópicos, com dimensões da ordem de 10^{-33} centímetros, podem realmente existir. Nesse caso, eles surgiram de repente em todas as regiões do espaço, para desaparecer de novo num tempo muito curto, de maneira similar à das partículas virtuais. No entanto, 10^{-33} centímetros é algo muitas ordens de magnitude menor que as dimensões de um núcleo atômico, que são de cerca de 10^{-12} centímetros. Não há esperança de se observar esses minúsculos objetos com a tecnologia atual. Na realidade, não está claro que poderiam jamais ser observados.

Isso, contudo, não desencorajou Thorne, Morris e Yurtsever. A pergunta que eles faziam era: se alguma civilização avançada fosse capaz de encontrar esses buracos de minhoca microscópicos, capturá-los antes que desaparecessem, ampliá-los para lhes dar dimensões macroscópicas, seria então possível usá-los para uma viagem interestelar? Concluíram que isso era de fato teoricamente possível, embora as dificuldades fossem ser tremendas. Considerando o caso mais simples, o de um buraco de minhoca como uma seção transversal circular, eles calcularam que, para se manter o buraco de minhoca aberto, seria necessário um "material exótico", ou "campo exótico", capaz de suportar pressões de cerca de 10^{39} g/cm^2. Talvez se constatasse ser teoricamente impossível criar tal material ou campo, admitiram os autores. Ainda assim, a criação de buracos de minhoca transitáveis teria de ser considerada pelo menos uma possibilidade.

A idéia intrigou outros físicos teóricos, e muitos artigos foram escritos sobre o assunto. Havia um grande número de questões a considerar. Por exemplo, seria mais viável construir um buraco de minhoca com alguma outra forma? Iria isso tornar a pressão menor? Iriam os viajantes que tentassem viajar por um buraco de minhoca ser submetidos a forças ou radiações que poderiam se provar fatais? Iria a influência gravitacional de uma nave espacial ao longo de um buraco de minhoca torná-lo instável e provocar seu fechamento antes que a nave acabasse de atravessá-lo? Quanto tempo levaria uma viagem através de um buraco de minhoca? Qual seria o valor das acelerações para os viajantes espaciais?

Obviamente, não está claro se a viagem por um buraco de minhoca jamais se tornará uma possibilidade real. A idéia evoca a imagem de uma espécie de estação ferroviária cósmica em que, em vez de trens, buracos de minhoca levariam os viajantes para regiões distantes do universo. Ainda que se comprove que tal projeto não pode ser posto em prática na realidade, ele fornece um tema útil para os escritores de ficção científica.

DE VOLTA AO PASSADO MAIS UMA VEZ

Se fosse possível construir e manter buracos de minhoca macroscópicos, eles poderiam ser usados como máquinas do tempo. Cálculos teóricos indicam quc sc um buraco de minhoca fosse construído de tal modo que suas duas bocas (pense num buraco de minhoca como uma espécie de túnel; como um túnel, ele tem bocas) ficassem relativamente próximas uma da outra no espaço, e se uma boca se movesse rapidamente enquanto a outra ficasse estática, um viajante que atravessasse o buraco de minhoca faria uma viagem não no espaço, mas no tempo. Evidentemente isso gera todos os paradoxos habituais. Por exemplo, presumivelmente uma bola de bilhar poderia entrar num buraco de minhoca de tal modo que, ao emergir no passado, bateria em si mesma, impedindo-se assim de entrar no buraco de minhoca para início de conversa. Mas se a bola de bilhar nunca entrasse no buraco de minhoca, não poderia ir até o passado para se impedir de fazer a viagem.

Esse tipo de especulação tem algo da natureza de um jogo. Trata-se, contudo, de um jogo com finalidades sérias. Os reais avanços no conhecimento científico ocorrem quando as leis da física são empurradas até seu limite. Pode ser improvável que buracos de minhoca transitáveis venham jamais a existir, mas, se os físicos descobrirem que eles são possíveis em princípio, ou, ao contrário, que as leis da física vedam sua existência, algo terá sido ganho.

Às vezes o jogo teórico dos físicos parece provocar algo semelhante a um verdadeiro susto na comunidade dos físicos teóricos. Quando o físico de Princeton J. Richard Gott propôs um método um tanto mais plausível para a viagem no tempo, houve uma reação imediata. Alguns outros físicos teóricos tentaram mostrar que sua idéia não funcionaria, e o resultado foi uma controvérsia breve mas intensa.

A idéia de Gott fazia uso de cordas cósmicas, estranhos objetos que teriam sido criados cedo na história do universo. As cordas cósmicas nunca foram observadas, mas são uma possibilidade teórica. Elas não têm relação com as supercordas. Se existem, são longas concentrações de energia, na forma de filamentos. Foi calculado que um pedaço de corda cósmica do tamanho de um átomo pesaria cerca de um bilhão de toneladas e que um segmento do tamanho de um campo de futebol pesaria tanto quanto a Terra.

Tais objetos não exerceriam apenas fortes forças gravitacionais. Segundo a teoria geral da relatividade, iriam também distorcer fortemente as perspectivas de tempo em suas vizinhanças. Além disso, foi demonstrado que, se elas existirem, as cordas cósmicas devem se mover pelo universo com velocidades próximas à da luz. São objetos relativísticos em todos os sentidos do termo.

Em 1991, Gott publicou um artigo em que dizia ter demonstrado que, se duas cordas cósmicas passassem uma pela outra com grande velocidade em direções opostas, e se uma nave espacial seguisse certa trajetória na vizinhança dessas cordas, ela poderia se transportar para o passado sem exceder a velocidade da luz. Além disso, poderia seguir um trajeto que a traria de volta a seu ponto de partida antes que iniciasse a viagem.

O artigo de Gott foi seguido por respostas de vários físicos. Alguns apresentaram argumentos com a intenção de mostrar que aquele método não funcionaria. Depois os físicos americanos Stanley Deser e Roman Jackiw e o físico holandês Gerard 't Hooft afirmaram ter encontrado uma falácia no argumento de Gott. Naturalmente, Gott discordou, sustentando que seus oponentes teóricos é que tinham cometido um erro. Gerard 't Hooft reagiu escrevendo outro artigo em que afirmava ter demolido a teoria de Gott.

Mais uma vez, Gott acusou seus oponentes de usar argumentos falaciosos e citou um artigo escrito por Curt Cutler, físico do Instituto de Tecnologia da Califórnia. O artigo de Cutler, disse Gott, mostrava que a viagem no tempo era uma possibilidade real. A essa altura, a batalha fora engrossada por Stephen Hawking, que brincou dizendo que se a viagem no tempo fosse uma possibilidade, já teríamos encontrado hordas de turistas vindos do futuro. Hawking efetuou então alguns cálculos que mostravam, disse ele, que haveria acúmulos de energia que destruiriam as saídas da viagem no tempo de Gott assim que fossem criadas. A essa altura a controvérsia parece ter arrefecido, embora persistissem algumas dúvidas quando à viabilidade do esquema de Gott. Os físicos não pararam, contudo, de procurar soluções para as equações da relatividade geral que permitiriam a viagem no tempo. Embora poucos acreditem que ela seja uma possibilidade real, eles continuam a explorar as profundezas da teoria de Einstein.

TÁQUIONS

A possível existência de partículas mais velozes que a luz, ou táquions, foi sugerida muito antes que os primeiros esquemas hipotéticos de viagem no tempo que descrevi fosse desenvolvidos. Guardei uma discussão sobre eles para o final porque os táquions não permitiriam uma viagem no tempo real; na melhor das hipóteses tornariam possível enviar mensagens para o passado.

Assinalei anteriormente que nada pode se mover mais rápido que a luz. Acontece, porém, que talvez isso não seja de todo verdadeiro. Em meados da década de 1960, os físicos Gerald Feinberg e George Sudarshan demonstraram independentemente que a relatividade especial não exclui a existência de partículas mais velozes que a luz; implica apenas que, se existissem, tais partículas jamais poderiam se mover com velocidades *menores* que a da luz. Elas iriam deparar com a barreira da infinidade pelo outro lado.

Se os táquions existirem, devem ter algumas maneiras muito esquisitas de se comportar. Por exemplo, se um táquion perdesse energia, passaria a se mover mais depressa, não mais lentamente. E se a energia de tal partícula caísse a zero, ela se deslocaria pelo espaço com velocidade infinita. Mas essa "esquisitice", é claro, não é argumento contra a existência dos táquions. Afinal, a idéia certamente soa menos estranha que a de um mar de elétrons negativos de Dirac, ou que a de um elétron dotado de carga e massa infinitas.

Se os táquions existirem, e se fosse possível criar feixes de táquions no laboratório, provavelmente seria possível usar táquions para enviar mensagens para o passado. Como seria de esperar, isso poderia conduzir a paradoxos tão intricados como aqueles associados à viagem no tempo. Por exemplo, seria possível enviar o projeto para um novo tipo de tecnologia para vários anos atrás, ou mesmo para décadas atrás. A tecnologia poderia então ser "inventada" no passado, e a razão por que a teríamos hoje seria o fato de ter ela sido desenvolvida tempos atrás. Mas, em tal caso, de onde teria vindo a idéia original? De maneira semelhante, poderíamos transmitir as peças de Shakespeare para épocas anteriores àquela em que ele as escreveu. Se Shakespeare depois as copiasse, significaria isso que as peças surgiram do nada? Nessas circunstâncias, a questão da autoria das peças de Shakespeare seria realmente um problema. Para levar adiante esse cenário, é claro, teríamos de pensar em algum modo de remeter as mensagens para Shakespeare, que provavelmente não possui um receptor de táquions.

Outros paradoxos possíveis se parecem com aqueles associados à viagem no tempo. Suponha que um amigo morre num desastre de automóvel e eu envio uma mensagem para o passado avisando-o para não ir de carro para lugar nenhum naquele dia fatal. Se seguir meu conselho, ele não morrerá num desastre e, para começar, não haverá razão para que eu lhe mande a mensagem.

Depois que Feinberg e Sudarshan mostraram que a existência de táquions podia ser possível, realizaram-se vários experimentos para detectá-los. Todos produziram resultados negativos, e nem Feinberg acredita mais que os táquions têm muita chance de ser reais. Vou mostrar, contudo, que a possibilidade de sua existência não foi definitivamente excluída. É possível até que eles existam em grandes números, mas que não interajam com matéria mais lenta que a luz. Nesse caso, não se poderia dizer que são uma parte de *nosso* universo.

A questão da existência dos táquions tem um interesse adicional. Ela suscita a questão: quando descobrimos que a existência de algo é possível, devemos então supor que ele existe? O físico Murray Gell-Mann, do Instituto de Tecnologia da Califórnia, expressou esta idéia de forma ligeiramente diferente, conhecida como o "regime totalitário da física": "Tudo que não é proibido é compulsório." O "regime totalitário" pode ser uma máxima útil para cientistas que trabalham no campo da física das partículas de alta energia. Se certo tipo de interação entre partículas não é proibido pelas leis conhecidas da física, é razoável esperar que aconteça, Mas será o "regime totalitário" sempre verdadeiro? A natureza não seguiria por vezes o que poderíamos chamar de "o regime democrático da física"? Isso poderia ser expresso assim: "Tudo que não é proibido é permitido, mas não exigido." Assim, é fácil ver que, se o "regime totalitário" for sempre verdadeiro, os táquions devem estar lá. Se o "regime democrático" for verdadeiro, isso não é necessário.

BEM, A VIAGEM NO TEMPO É POSSÍVEL OU NÃO É?

Por mais que os físicos teóricos brinquem com a idéia, a maioria deles espera que a viagem no tempo não seja possível. Se uma pessoa ou um objeto pudesse se deslocar para o passado, isso transtornaria as idéias estabelecidas sobre causalidade e invalidaria as leis da física que delas dependem. O único meio de evitar isso seria a existência de alguma lei da natureza que impedisse tudo que viaja para o passado de alterá-lo, ou uma lei que assegurasse que tudo que um viajante fizesse produziria exatamente o mundo de que ele viera. Mas é difícil ver como uma lei da natureza poderia impedir uma pessoa de matar a avó — ou a si mesma — se ela estivesse realmente decidida a fazê-lo.

Stephen Hawking tem uma outra solução para o problema. Sugere que uma "Agência de Proteção à Cronologia" impeça a viagem no tempo. Não, ele não está sugerindo uma Polícia do Tempo que impeça as pessoas de viajar para o passado. Hawking simplesmente gosta de expressar idéias sérias de maneira irreverente. Ele quer dizer apenas que desconfia que as leis da física operam de modo a tornar a viagem no tempo impossível. Não está muito claro, contudo, como essa "proteção da cronologia" funcionaria. Pode ser que todos os mecanismos de viagem no tempo tenham características que os inviabilizariam na prática, mas não é fácil imaginar que tipo de lei natural faria tal situação ocorrer.

Seja como for, ainda que não possa ser absolutamente vedada, a viagem no tempo certamente parece ser uma possibilidade muito pouco plausível. Apesar de todas as tentativas feitas para superá-la, a "barreira da infinidade" erigida pela teoria especial da relatividade mostrou ser dificilmente transponível.

8

Singularidades

Daqui a cinco bilhões de anos, o combustível nuclear que mantém nosso Sol luminoso e quente começará a se exaurir. Quando isso ocorrer, ele começará a aumentar rapidamente de tamanho. Você poderia supor que uma estrela agonizante ficaria menor e fosca, mas de início acontece exatamente o oposto. À medida que as estrelas envelhecem, as reações nucleares que elas usam para produzir energia prosseguem numa marcha mais rápida. Isso faz com que suas temperaturas internas se elevem e o calor produz uma pressão para fora que causa a expansão das estrelas. Embora esteja apenas na meia-idade, nosso Sol já mostra sinais de envelhecimento. Está cerca de duas vezes e meia mais brilhante do que era quando a Terra se formou, cerca de 4,5 bilhões de anos atrás, e seu diâmetro está alguns pontos percentuais maior.

Quando entrar em agonia, nosso Sol experimentará mudanças ainda mais sensacionais. Gradualmente, ele se transformará numa quente e luminosa gigante vermelha.* Engolirá a Terra e depois se expandirá ainda mais, até sua superfície chegar perto da atual órbita de Marte. Só quando seu combustível nuclear se esgotar por completo o Sol começará a encolher. Uma vez iniciado, esse processo continuará até que o Sol se torne uma minúscula e pálida anã branca.

As anãs brancas são estrelas mortas. Só brilham porque possuem grande quantidade de calor residual. À medida que esse calor escapa para o espaço ao longo de um período de bilhões de anos, elas se tornam progressivamente mais pálidas. Toda anã branca se converterá finalmente numa anã negra, uma fria relíquia de um Sol morto.

---

* Gigante vermelha é um dos estágios de evolução de uma estrela do tipo do nosso Sol. (N.R.)

ELÉTRONS TORNAM UMA MESA SÓLIDA

Para compreender as propriedades das anãs brancas, é necessário saber alguma coisa sobre o papel que os elétrons desempenham na estrutura da matéria. É a interação entre elétrons que dá à matéria o seu caráter. Uma mesa é sólida por causa do modo como seus elétrons constituintes interagem. Os núcleos dos átomos que formam a mesa nunca se aproximam uns dos outros o bastante para produzir forças de alguma importância. São os elétrons que unem os átomos entre si. As propriedades dos líquidos podem igualmente ser explicadas por interações de elétrons; nesse caso, os elétrons não formam vínculos permanentes; ao contrário, deslizam uns pelos outros. Parece razoável, portanto, considerar que uma anã branca tenha as propriedades que tem por causa do modo como seus elétrons interagem.

Quando uma estrela do tamanho do Sol se contrai numa anã branca, as forças gravitacionais se tornam muito fortes. Os elétrons são comprimidos tanto quanto possível. Em conseqüência, a densidade da matéria da anã branca é muito grande — uma colher de sopa desse material pesa várias toneladas. Uma anã branca pode ser pensada como um corpo em que um "gás" de elétrons foi comprimido pela gravidade. Mais uma vez, os núcleos atômicos não desempenham nenhum papel significativo, continuam relativamente muito afastados.

Uma anã branca não pode ter um tamanho arbitrário. Em particular, não pode ter uma massa 1,4 vez maior que a do nosso Sol. Se tiver, as forças gravitacionais vão se tornar tão fortes que a pressão do "gás" de elétrons não será capaz de impedir um colapso mais amplo. Os elétrons e prótons na estrela serão "espremidos" em nêutrons, e uma estrela de nêutrons será criada.

Quando estão dentro de núcleos atômicos, os nêutrons geralmente são estáveis. Alguns átomos radioativos, porém, emitem partículas beta, ou elétrons. Quando isso acontece, um dos nêutrons constituintes de um núcleo é convertido num próton. Nêutrons livres exibem o mesmo tipo de comportamento. Em média, um nêutron livre se desintegrará num próton e num elétron em cerca de 11 minutos.

Quando uma reação nuclear é possível, a reação inversa é sempre possível também. Em particular, se um elétron atingir um próton com suficiente energia, os dois podem formar um nêutron. É exatamente isso que acontece numa estrela maciça em colapso. Se ela for grande o bastante, haverá bastante energia gravitacional para ocasionar esse processo. Os elétrons e prótons vão desaparecer e nêutrons aparecerão no seu lugar.

As estrelas de nêutrons são muito complexas. Os astrofísicos pensam que elas contêm nêutrons, elétrons, núcleos atômicos e outras partículas. É possível até que seus centros sejam constituídos por quarks fortemente comprimidos. Contudo, a maior parte da matéria que contêm existe na forma de nêutrons, e é isso que dá às estrelas de nêutrons seu caráter. Como não restam elétrons suficientes para resistir ao colapso, a matéria que compõe uma estrela de nêutrons torna-se ainda mais condensada que a de uma anã branca. Enquanto uma anã branca tem um diâmetro cerca de cem vezes menor que o do nosso Sol, uma estrela de nêutrons é cerca de 700 vezes menor que uma anã branca.

Por mais densa que seja, uma estrela de nêutrons não é o objeto mais comprimido possível. Quando uma estrela colapsada tem uma massa mais de três vezes maior que a do Sol, a gravidade se torna tão intensa que os nêutrons não conseguem resistir a uma contração adicional. E uma vez que essa contração se inicia, nada pode resistir a ela. Se ela produzir pressões de resistência, isso vai acelerar o processo de contração, não detê-lo. Segundo a teoria geral da relatividade de Einstein, a existência de pressão apenas faz as forças gravitacionais aumentarem. Toda a matéria que compõe a estrela será comprimida num volume muito menor que o de um núcleo atômico, e um buraco negro será formado.

Um buraco negro é um objeto tão denso que nada, nem mesmo a luz, pode escapar dele. Quando grande quantidade de matéria é comprimida num volume muito pequeno, a gravidade se torna tão forte que nem matéria nem luz podem escapar uma vez que tenham sido apanhados nas garras gravitacionais do buraco negro. E, segundo cálculos baseados na teoria geral da relatividade de Einstein, no centro de um buraco negro a força da gravidade torna-se infinita.

EXPLOSÕES DE SUPERNOVA

Antes de discutir as propriedades dos buracos negros em detalhe, talvez não seja má idéia dizer mais sobre o modo como esses objetos se formam. As estrelas que se tornam buracos negros não morrem da maneira relativamente serena que é característica das estrelas de tamanho médio, como o nosso Sol. Os estertores de uma estrela de grande massa são muito mais dramáticos. Quando seu combustível nuclear se esgota, o cerne da estrela entra em colapso para formar uma estrela de nêutrons em rápida rotação. A energia gerada por esse colapso gravitacional arremessa as camadas externas da estrela no espaço, numa imensa explosão. As explosões de supernovas são eventos realmente espetaculares. Quando a luz que emitem atinge sua intensidade máxima, algumas supernovas se tornam 200 milhões de vezes mais brilhantes que o nosso Sol. Se uma explosão como essa tivesse lugar em um sistema estelar a 30 anos-luz de distância, a supernova resultante iria parecer, por um breve período, 16 vezes mais brilhante que uma lua cheia. Seria sem dúvida um quadro impressionante, mas não muito agradável de contemplar, pois a radiação que acompanharia a luz causaria extinções em massa e muito provavelmente liquidaria a civilização humana.

As explosões de supernovas são processos complicados, e nem todos os detalhes são compreendidos. No entanto, observações astronômicas associaram estrelas de nêutrons com supernovas. Por exemplo, há uma estrela de nêutrons no centro da Nebulosa de Caranguejo, uma nuvem de material luminoso que é remanescente de uma explosão de supernova registrada pelos astrônomos chineses em 1054. Estrelas próximas tornam visíveis os gases quentes que foram emitidos na explosão, criando uma nebulosidade. A estrela de nêutrons é escura demais para ser vista com telescópios ópticos, mas os pulsos das ondas de rádio que ela emite podem ser facilmente detectados. Observações feitas com radiotelescópios demonstraram que ela continua girando rapidamente.

GALINHAS ESFÉRICAS

Em seu livro *The God Particle,* Leon Lederman, ganhador do Nobel, menciona uma piada comum entre engenheiros. Se um físico quisesse estudar uma galinha, começaria declarando: "Suponha que esta galinha é esférica."

Quando estudam qualquer sistema, os físicos começam tipicamente por dotar pressupostos simplificadores. Mais tarde, depois que as equações que descrevem a versão simplificada do sistema são resolvidas, casos mais complicados podem ser considerados. Por exemplo, se um astrônomo quisesse calcular que trajetória um cometa seguiria ao ingressar no sistema solar, primeiro consideraria somente a atração entre o cometa e o Sol. As perturbações causadas pela atração gravitacional dos vários planetas poderiam ser acrescentadas mais tarde.

Freqüentemente, pode-se aprender muito considerando problemas relativamente simples. Por exemplo, as primeiras soluções encontradas para as equações da relatividade terminaram descrevendo os buracos negros. A descoberta foi feita não por Einstein, mas pelo astrônomo alemão Karl Schwarzschild. No final de 1915, ele estava na frente russa com o exército alemão quando ouviu falar do trabalho de Einstein. Sem negligenciar suas obrigações militares, Schwarzschild encontrou soluções matemáticas para descrever os campos gravitacionais em torno de um massa pontual. Em seguida encontrou soluções para os campos que cercam qualquer massa esférica. Alguns meses depois, em maio de 1919, morreu de uma rara doença de pele que contraíra enquanto no exército. Tinha 42 anos.

Os corpos astronômicos não são exatamente esféricos. A Terra fica um pouco bojuda no equador e se achata ligeiramente nos pólos. Mas, ainda que as soluções de Schwarzschild fossem "galinhas esféricas", os pressupostos de que dependiam se aproximavam o bastante da realidade para torná-las úteis. Elas tornaram possível calcular os campos gravitacionais que cercam corpos gravitantes grandes, como o Sol. Além disso, elas se reduziam à lei do inverso do quadrado de Newton em casos em que a gravidade não era intensa demais. Isso não foi nenhuma surpresa. Einstein não destruiu a lei da gravitação de Newton ao descobrir a relatividade geral. A lei de Newton fornece os resultados corretos quando as condições não são extremas e os astrônomos a usam para a maior parte de seus cálculos. Mesmo no interior do Sol, cálculos relativísticos produzem resultados que só diferem dos fornecidos pela teoria newtoniana por um fator de cerca de uma parte em cem mil . Poderíamos dizer que Schwarzschild provou que a lei newtoniana da gravitação era parte da relatividade geral.

O trabalho de Schwarzschild teve ainda outra conseqüência, que certamente deve ter parecido estranha na época. Ele mostrou que, se a matéria de um corpo gravitante estivesse comprimida num volume muito pequeno, o espaço ficaria tão acentuadamente curvado que esse corpo seria desligado do resto do universo. Nada, nem mesmo a luz, seria capaz de escapar dele. Em 1916, porém, ninguém sonhava que anãs brancas e estrelas de nêutrons, muito menos buracos negros, existissem realmente. De fato, iriam se passar 16 anos antes que o próprio nêutron fosse descoberto. Em conseqüência, deu-se pouca atenção aos resultados de Schwarzschild. Os cientistas simplesmente imaginaram que tais estados comprimidos não eram possíveis.

As coisas não mudaram muito quando, em 1939, Robert Oppenheimer e seu aluno George Volkoff publicaram um artigo mostrando que, se uma estrela de nêutrons tivesse massa suficiente, a gravidade se tornaria tão forte que nada poderia impedir a continuação do colapso. Nesse mesmo ano, Oppenheimer publicou um segundo artigo com outro aluno, Hartland Snyder, descrevendo o colapso do buraco negro em detalhe. Mas também esse artigo logo foi esquecido. Muitos dos físicos da nação logo se envolveram no trabalho de guerra, com outras preocupações em suas mentes. De todo modo, a maioria dos cientistas que leu os artigos de Oppenheimer pendia a acreditar que as estrelas provavelmente ejetariam de uma maneira ou de outra massa suficiente para evitar transpor o limite Oppenheimer-Volkoff. É possível que alguns deles tenham sido influenciados também por um artigo de Einstein, publicado no mesmo ano de 1939. Nele, Einstein procurou mostrar que a formação de buracos negros nunca poderia ocorrer. Ele não usou a expressão buraco negro. Quase duas décadas se passariam antes que esse nome fosse inventado. Evidentemente essa conclusão estava errada. Os cálculos matemáticos de Einstein eram precisos, até onde chegavam, mas alguns de seus pressupostos eram incorretos. Em particular, ele não justificou suficientemente a dinâmica do material em colapso.

UM ÍMPIO SE ARREPENDE

Muitos físicos podem retraçar "linhagens" muito remotas. Por exemplo, Richard Feynman foi aluno do físico americano John Wheeler, que passou dois anos no Instituto de Física Teórica de Bohr em Copenhague. Bohr trabalhou tanto com J.J. Thomson quanto com Ernest Rutherford. Rutherford trabalhou com Thomson durante um período e Thomson foi o sucessor de Lord Rayleigh como diretor do Laboratório Cavendish. Rayleigh, por sua vez, foi o sucessor do grande James Clerk Maxwell.

Mas não é minha intenção construir genealogias enfadonhas. Quero apenas apresentar o leitor a John Wheeler, um dos mais notáveis físicos de nosso tempo. Em 1957, Wheeler começou a investigar o comportamento de estrelas muito condensadas. Embora seu trabalho tenha confirmado que as estrelas com mais que uma certa massa vão sofrer um colapso, gerando buracos negros, ele supôs também que as estrelas devem ejetar de algum modo massa suficiente para evitar esse destino. Em 1958, numa conferência científica em Bruxelas, Wheeler sugeriu que a massa adicional seria provavelmente convertida em algum tipo de radiação e que o estado crítico nunca seria alcançado. Oppenheimer, que estava na platéia, perguntou se não seria mais simples supor a formação de um buraco negro. Wheeler não mudou de idéia. Durante vários anos, continuou a sustentar a provável existência de mecanismos que impediriam a formação de buracos negros.

No entanto, foi Wheeler que cunhou a expressão buraco negro em 1967. Mais cedo naquele ano, a primeira estrela de nêutrons foi descoberta por uma doutoranda de Cambridge, Jocelyn Bell, e seu professor, o astrônomo inglês Anthony Hewish. Agora era evidente que existiam estrelas em extremo colapso. E, uma vez que se observara uma estrela de nêutrons, a idéia de que buracos negros podiam ser reais começou a parecer mais razoável. Wheeler logo se tornou um crente.

Wheeler foi muito feliz na escolha da expressão buraco negro. Se tivesse usado uma terminologia diferente, talvez os buracos negros não se tivessem tornado um tópico de tão intenso interesse popular.[1] Os físicos soviéticos da época, por exemplo, se referiam (por razões que logo ficarão claras) aos buracos negros como "estrelas congeladas". É difícil imaginar o público leigo ficando alvoroçado com objetos cujo nome evoca imagens de bolinhos de Natal.

CYGNUS X-1

Em nossa galáxia podem existir cem milhões ou mais de buracos negros. A maior parte deles jamais será observada. Afinal, não é possível ver algo que não emite nenhuma luz ou qualquer outro tipo de radiação. Alguns buracos negros, no entanto, são muito brilhantes. Se um buraco negro fizer parte de um sistema estelar binário e estiver suficientemente próximo de sua companheira, ele sugará matéria continuamente da superfície da outra estrela. À medida que espirala rumo ao buraco negro, essa matéria se acelera rapidamente e se torna muito

---

1 De início houve resistência à expressão por parte dos físicos franceses. Em francês, "buraco negro" tem conotações obscenas.

quente, atingindo temperaturas de aproximadamente 100 milhões de graus. Essa matéria quente vai emitir copiosas quantidades de radiação. Uma vez que a matéria entra no buraco negro, qualquer radiação que ela emita deixará de ser vista, embora ela vá produzir uma quantidade bastante grande antes de desaparecer.

Em 1964, os astrônomos descobriram que um objeto na constelação Cignus estava emitindo grandes quantidades de raios X. Na época, eles não tinham como estudar em grande detalhe essa fonte de raios X porque os raios X são absorvidos pela atmosfera da Terra. Tinham de se fiar em observações feitas por equipamentos embarcados em foguetes de grande altitude. Foguetes, contudo, não são exatamente as plataformas de observação ideais. Permaneciam no alto por um tempo muito curto e estavam constantemente se movendo.

Os dados se tornaram muito melhores em 1970, quando passou a ser possível usar satélites para observar fontes de raios X. Essas observações permitiram localizar a fonte de raios X — hoje conhecida como Cygnus X-1 — com mais precisão. Logo se apurou que os raios vinham de um sistema que continha uma estrela supergigante azul, conhecida somente como HDE 226868, que tinha uma companheira invisível.

Hoje, a grande maioria dos astrônomos acredita que, a menos que haja alguma coisa de seriamente errado com as modernas teorias do colapso estelar, uma companheira invisível deve ser um buraco negro. Uma estrela que sofreu um colapso deveria se contrair num buraco negro se sua massa fosse maior que três massas solares. Adotando os pressupostos mais conservadores possíveis, os cálculos vão indicar que o objeto invisível deve ter uma massa pelo menos 3,3 vezes maior que a do Sol. Isso é mais que o limite do buraco negro. E usando os números mais prováveis para a massa da supergigante azul e a distância que a separa da companheira, constata-se que o corpo invisível tem provavelmente uma massa nove a 15 vezes maior que a do nosso Sol.

A partir de 1970, foram encontradas várias fontes de raios X que muito provavelmente são buracos negros e poucos astrônomos continuam a alimentar dúvidas quanto à sua existência. De fato, há indícios da existência de imensos buracos negros, com massas centenas de milhões de vezes maiores que a do nosso Sol, no centro de muitas galáxias, inclusive da nossa. Houve época em que era possível argumentar que estrelas agonizantes podiam sempre encontrar algum meio de evitar o colapso do buraco negro. Hoje essa idéia deixou de ser defensável.

COLAPSO DO BURACO NEGRO

Como vimos no Capítulo 7, a teoria especial da relatividade de Einstein nos diz que há duas coisas que permanecem as mesmas para qualquer observador em qualquer estado de movimento: a velocidade da luz e as leis da física. Como conseqüência, algumas outras coisas, entre as quais o espaço e o tempo, parecem mudar. Diferentes observadores os vêem de diferentes perspectivas. Do nosso ponto de vista, todo objeto numa nave espacial que se aproxima da velocidade da luz pareceria se contrair na direção do movimento da nave, e o tempo na nave pareceria ficar mais lento. Para um observador na nave, por outro lado, tudo pareceria perfeitamente normal. Do ponto de vista desse observador, nosso tempo é que estaria ficando mais lento, e nós é que estaríamos encolhendo.

Os efeitos previstos pela teoria geral da relatividade são similares. A teoria geral nos diz que a gravidade intensa pode causar distorções do espaço e do tempo — ou do espaço-tempo, se empregarmos a terminologia que os físicos geralmente usam. Uma vez que o espaço e o tempo estão tão estreitamente ligados um ao outro na relatividade, é conveniente considerá-los juntos. O conceito não tem realmente nada de misterioso. A relatividade einsteiniana tem três dimensões de espaço e uma de tempo. Seria perfeitamente possível falar do espaço-tempo newtoniano se houvesse alguma motivação para tanto.

O retardamento do tempo nos campos gravitacionais é um dos efeitos relativísticos gerais que foram observados. Se pudéssemos pôr um relógio na superfície do Sol, ele pareceria avançar mais lentamente que um relógio semelhante na Terra. Esse efeito foi observado até na gravidade relativamente fraca da Terra Experimentos muito precisos foram realizados para mostrar que processos físicos decorrem um pouco mais devagar na superfície da Terra do que em alguma altitude maior, onde a gravidade é mais fraca.

Assim, se pudéssemos realmente observar uma estrela que entrou em colapso contrair-se num buraco negro, não esperaríamos ver as mesmas coisas que um observador imaginário postado na superfície da estrela. As forças gravitacionais intensas no quadro de referência do segundo observador fazem com que as coisas pareçam muito diferentes.

Antes que eu explique que aparência teria um buraco negro, é preciso falar um pouco mais sobre os resultados obtidos por Schwarzschild em 1916. Como vimos anteriormente, ele mostrou que se toda a massa de corpo fosse comprimida num volume suficientemente pequeno, ele se tornaria um buraco negro. Mostrou também que esse volume podia ser precisamente calculado.

Os buracos negros são os remanescentes de estrelas em colapso que sofreram explosões de supernova. Eles se formam quando a matéria que neles cai atinge o raio de Schwarzschild. Até que isso aconteça, tudo que existe é uma estrela de nêutrons em colapso. Do ponto de vista de um observador distante, isso nunca acontece. Para esse observador, à medida que a estrela se contrai e as forças gravitacionais aumentam, o tempo parece correr cada vez mais devagar. A superfície da estrela se aproxima do raio de Schwarzschild mais e mais lentamente. Ela nunca atinge o raio porque esse é o ponto em que o tempo pára por completo; você poderia dizer que no raio de Schwarzschild ele parece passar de modo infinitamente lento. Não surpreende que cientistas russos tenham descrito tal objeto como uma "estrela congelada".

Um observador distante tampouco pode ver um objeto entrar num buraco negro. À medida que o objeto se aproxima do horizonte de eventos do buraco negro — uma esfera imaginária no raio de Schwarzschild — seu tempo se torna mais lento também. Ele se aproxima gradualmente do horizonte de eventos — e parece permanecer suspenso ali por toda a eternidade.

DESVIOS GRAVITACIONAIS PARA O VERMELHO

Estive falando das coisas que um observador distante "veria". Na realidade, ele jamais seria capaz de observar esses eventos. A razão disso tem a ver com algo chamado desvio gravitacional para o vermelho. É possível ter alguma compreensão da natureza desse fenômeno considerando os diferentes modos como as partículas da matéria e da luz perdem energia quando escapam dos campos gravitacionais que envolvem nosso Sol.

O Sol está constantemente expelindo torrentes de partículas que fluem para fora através do sistema solar. Esse fenômeno é chamado vento solar. À medida que vão se afastando do Sol, as partículas que compõem o vento solar perdem energia. A atração gravitacional do Sol tem um efeito retardador, e isso faz com que as partículas se desloquem mais devagar.

A gravidade do Sol fará também com que um raio de luz perca energia. Mas, como se desloca sempre com velocidade constante, a luz tem de perder energia de uma maneira diferente. A natureza inventou uma maneira simples para fazer isso acontecer. O comprimento de onda de um raio de luz que está escalando o "poço" gravitacional do Sol para escapulir é ligeiramente alongado. A luz na extremidade azul tem mais energia e comprimentos de onda mais curtos que a luz na extremidade vermelha. Assim, se o comprimento de onda da luz for aumentado, se a luz se tornar um pouco mais vermelha, sua energia vai diminuir.

No caso do Sol, o desvio gravitacional para o vermelho não é grande. Nos imensos campos gravitacionais que envolvem uma estrela em colapso, porém, são realmente enormes. Um observador distante que observasse uma estrela em colapso veria de início sua luz se tornar cada vez mais vermelha. Depois, com a continuação do colapso gravitacional, o desvio para o vermelho converteria a luz em radiação infravermelha e depois ém ondas de rádio, que são formas de radiação eletromagnética com comprimentos de onda mais longos que os da luz visível.

Com a continuação do colapso, os comprimentos de onda iriam ficando progressivamente mais longos e sua energia cada vez menor. No horizonte de eventos, o desvio gravitacional para o vermelho se tornaria infinito. Os comprimentos de onda se tornariam infinitamente longos e sua energia cairia a zero. Para o observador externo, pareceria que a estrela em colapso estava emitindo cada vez menos luz a cada momento, até que ela se tornasse completamente negra.

A INFINIDADE COMO UMA ILUSÃO

Como observamos anteriormente, quando teorias da física prevêem a existência de quantidades infinitas, isso é sinal ou de que alguma coisa está errada com a teoria, ou de que alguma coisa é impossível. A catástrofe ultravioleta fez ver aos físicos que havia algo de errado com suas idéias quanto ao modo como a radiação era emitida dos corpos negros, levando assim à teoria quântica dc Planck. A previsão de que um corpo que se movesse com a velocidade da luz teria uma massa infinita revelou a Einstein que nenhum objeto material poderia jamais alcançar essa velocidade.

No caso de um buraco negro, as coisas se tornam bastante desconcertantes. Do ponto de vista de um observador distante, não só o tempo parece passar de maneira infinitamente lenta no horizonte de eventos; descobrimos também que a superfície da estrela em colapso emite radiação eletromagnética de comprimento de onda infinitamente longo e energia zero quando ela atinge o raio de Schwarzschild, e que ela permanecerá "congelada" ali por toda a eternidade. Surpreendentemente, nenhuma dessas coisas é um problema do ponto de vista de um observador situado na superfície da estrela em colapso. Tudo acontece de maneira absolutamente normal. Não há nenhum congelamento no horizonte de eventos, e a estrela prossegue em seu colapso cada vez mais rapidamente.

Tal observador não perceberia nada de inusitado à medida que caísse através do horizonte de eventos. De fato, a menos que houvesse feito medições que lhe tivessem informado de antemão exatamente onde era o horizonte, não saberia que alguma coisa importante havia acontecido. É claro, somente um observador imaginário poderia fazer tal viagem. Se um de verdade a fizesse, e conseguisse de algum modo evitar ser morto pela intensa radiação presente nesse ambiente, seria despedaçado pelas intensas forças gravitacionais no buraco negro. Se caísse no buraco de pé, as forças gravitacionais sobre seus pés, que ficariam mais próximos das massas que o estariam puxando para baixo, seriam muito mais fortes que as forças sobre sua cabeça. Isso faria com que fosse esticado, transformando-se num fio longo e fino, processo que alguns físicos chamaram de "espaguetização". Esse fio (o observador) iria então continuar a ser sugado rumo ao centro do buraco negro.

Do ponto de vista de um observador distante, o colapso de uma estrela de nêutrons num buraco negro leva um período de tempo infinito. Do ponto de vista de um observador na superfície da estrela, esse processo demandaria cerca de um dia. As forças gravitacionais produzidas quando a estrela entra em colapso são tão intensas que as perspectivas temporais dos dois observadores são radicalmente diferentes. Não há nada de inerentemente paradoxal nisso. Uma distorção análoga de perspectiva pode ser vista em algo tão banal quanto um mapa-múndi.

Todos nós percebemos, nos mapas que usam a projeção de Mercator usual que massas de terra que ocupam posições em latitudes muito ao norte parecem ser bem maiores do que realmente são. A ilha da Groenlândia aparenta ter muitas vezes seu tamanho real. Não há meio de evitar distorções quando se faz um mapa bidimensional; a superfície esférica da Terra não pode ser representada numa superfície plana com precisão.

Talvez você tenha notado também que os mapas que usam a projeção de Mercator não incluem os Pólos Norte e Sul. Eles são sempre amputados em certas latitudes do norte e do sul. A razão é que, se os mapas prosseguissem até chegar aos pólos, a distorção seria infinita. Nos pólos, um único ponto seria representado por uma linha de comprimento finito. O comprimento, é claro, seria igual à largura do mapa.

O que se constata é que algo de semelhante acontece no caso de um buraco negro. Se um observador distante tem a impressão de que uma estrela em colapso fica congelada, isso não passa de ilusão. Em 1958, o físico americano David Finkelstein descobriu ser possível criar um quadro de referência para ver o colapso de uma estrela de uma posição que incluía os pontos de vista de um observador distante *e* de um observador que se deslocasse pela superfície de uma estrela em colapso. No quadro de referência de Finkelstein, a estrela chegava a se reduzir a um buraco negro; não havia uma desaceleração infinita do tempo. Era como se alguém tivesse substituído uma projeção de Mercator — com sua distorção infinita no Pólo Norte — por um globo. Parece que mesmo observadores distantes devem concordar que o colapso do buraco negro realmente ocorre. A razão por que não o conseguem ver é que os desvios gravitacionais para o vermelho roubam toda a energia da luz quando o horizonte de eventos é atingido. Eles não têm meios de receber sinais que lhes diriam o que aconteceu.

DENSIDADE INFINITA

Se é possível encontrar uma maneira de fazer face à distorção infinita da perspectiva temporal, há outras quantidades infinitas que ainda são perturbadoras. A solução de Schwarzschild para as equações da relatividade geral fornece uma descrição realista do processo de colapso estelar. Depois que a superfície de uma estrela ultrapassa o horizonte de eventos, o colapso prossegue forçosamente cada vez mais depressa até que toda a matéria da estrela fique comprimida num volume de dimensões zero chamado singularidade. Na singularidade, tanto a densidade da matéria quanto as forças gravitacionais se tornam infinitas. A matéria que antes constituía uma estrela é comprimida num ponto matemático.

A solução de Schwarzschild para as equações da relatividade geral não levam em conta a rotação, o que significa que fornece uma representação não muito realista da formação de buracos negros. Quase todos os objetos astronômicos giram em torno de seus eixos. A Terra gira em torno de seu eixo a intervalos de 24 horas. Nossa Lua vira-se ao contrário cada vez que faz uma revolução em torno da Terra, de tal modo que volta sempre o mesmo lado para nós. Houve tempo em que a Lua girava mais depressa; sua rotação tornou-se mais lenta por efeito de forças de maré. O Sol gira em torno de seu eixo. Até as galáxias giram. E, claro, estrelas de nêutrons também.

Como assinalei anteriormente, as equações da relatividade são bastante complicadas e de difícil solução. Schwarzschild conseguiu resolvê-las porque adotou vários pressupostos simplificadores. Quase meio século se passaria antes que se encontrasse uma solução para o caso em que havia rotação. Essa façanha foi realizada pelo matemático neozelandês Roy Kerr em 1963. Mais tarde foi demonstrado que a solução de Kerr podia ser aplicada ao colapso do buraco negro e hoje os físicos fazem uma distinção entre o "buraco negro de Schwarzschild", que não gira, e o "buraco negro de Kerr", que gira. O primeiro é uma idealização matemática. Não é provável que um objeto assim exista na natureza.

Com a descoberta da solução Kerr, passou-se a questionar se as singularidades realmente se formavam. Poderia a rotação impedir de algum modo que toda a matéria de um buraco negro fosse comprimida até se converter num ponto? Aliás, que dizer do caso em que a estrela em colapso não fosse exatamente esférica? Poderia isso levar as partículas que desabassem rumo ao centro de um buraco negro a se "perder" umas às outras de certo modo, ficando assim confinadas num volume pequeno mas finito de espaço?

Essas questões foram respondidas pelo matemático britânico Roger Penrose em 1965. Por meio de um teorema, ele demonstrou que, se as equações da relatividade geral estivessem corretas, a criação de uma singularidade seria inevitável. Penrose não foi capaz de mostrar que toda a matéria no interior de um buraco negro seria comprimida até um volume próximo de zero, mas pôde provar que haveria uma singularidade em que as forças gravitacionais se tornariam infinitas.

EXISTEM MESMO SINGULARIDADES?

Os matemáticos encontram singularidades o tempo todo. Por exemplo, a simples quantidade $1/x$ torna-se singular quando o número x é igual a 0. Quanto mais próximo x é de 0, menor se torna o denominador. Quando ele é exatamente igual a 0, a expressão se torna infinita. Mas ninguém fica particularmente perturbado com essas coisas. Aqui só está em jogo uma abstração matemática.

Por outro lado, quando uma teoria física prevê quantidades infinitas, as coisas são bem diferentes. Em particular, a previsão de que existem singularidades no interior dos buracos negros pode ser interpretada apenas de duas maneiras. Ou a singularidade é um lugar em que o espaço e o tempo deixam de existir ou é um lugar em que a teoria que prevê sua existência sucumbe. Em qualquer dos casos, a conclusão deve ser que, numa singularidade, as leis conhecidas da física cessam de vigorar.

Quando atinge uma singularidade, uma partícula é sujeita a forças gravitacionais e de maré infinitas. É despedaçada e espremida ao mesmo tempo até o extermínio. Não há nenhum lugar para onde possa ir "depois" que chega numa singularidade, pois chegou simultaneamente à borda do espaço e ao fim do tempo. Em certa época conjeturou-se que as partículas que atingiam uma singularidade poderiam atravessar um buraco de minhoca e emergir em algum outro universo. Mais tarde, contudo, provou-se que isso era impossível. Esses buracos de minhoca, se realmente eram criados, iriam se estreitar, encolhendo-se por completo, de tal modo que nada poderia atravessá-los.

Mas essa não é a única interação possível. Sabe-se que existe um ponto em que a teoria geral da relatividade sucumbe. Para descrever os eventos que têm lugar em regiões próximas de uma singularidade, seria necessário incorporar a mecânica quântica à teoria. Mas, como assinalei anteriormente, ninguém sabe como fazer isso. A força da gravidade não pode ser renormalizada.

A relatividade geral deixa de ser válida em distâncias de 10^{-33} centímetros ou menos. Essa quantidade é conhecida como o comprimento de Planck. É a distância em que efeitos quânticos (desconhecidos) se tornam tão grandes que a teoria de Einstein provavelmente não teria como continuar válida. Ora, 10^{-33} centímetros é uma quantidade muito pequena, cerca de 10^{21} (um bilhão de trilhões) vezes menor que as dimensões de um núcleo atômico. No entanto, uma região com dimensões de 10^{-33} centímetros ainda é infinitamente maior que um ponto. Assim, alguns físicos gostam de pensar que toda a matéria num buraco negro está comprimida numa região com aproximadamente esse tamanho. É claro que, quer se fale de uma singularidade com dimensões de 10^{-33} centímetros ou de uma com volume zero, as outras propriedades do buraco negro permanecem as mesmas: há uma singularidade (ou uma quase-singularidade) e um horizonte de eventos. Entre uma coisa e outra, não há nada.

A teoria das supercordas representa uma tentativa de unificar todas as quatro forças. Assim, se uma teoria bem-sucedida fosse encontrada, iríamos ter automaticamente uma teoria da gravidade quântica. Como não é provável que isso aconteça por muitas décadas, se é que acontecerá um dia, só podemos especular sobre como seriam as condições numa região com dimensões da ordem de 10^{-33} centímetros. Pode ser que o espaço-tempo cesse de existir nesse nível. Já foi mostrado que não há nenhuma razão que obrigue a acreditar que espaço e tempo são as quantidades mais fundamentais. Mesmo que esse não seja o caso, provavelmente descobriremos que os eventos nessa "região de Planck" têm ainda menos semelhança com os do mundo habitual que aqueles dos mundos da mecânica quântica e da relatividade.

Resta uma infinidade

Se a teoria da gravidade quântica fosse desenvolvida, é pouco provável que viesse a se opor à conclusão de que, do ponto de vista de um observador distante, o tempo passa cada vez mais lentamente à medida que a superfície de uma estrela em colapso cai em direção ao horizonte de eventos, ou à conclusão de que em nosso quadro de referência não há verdadeiros buracos negros, apenas "estrelas congeladas" em que imensas quantidades de material estelar estão amontoadas no horizonte de eventos. Em nosso quadro de referência, buracos negros levam uma infinita extensão de tempo para ser formar.

Essa conclusão não é desmentida por observações de sistemas como Cygnus X-1. A matéria que estivesse sendo puxada em direção a um desses buracos negros se comportaria exatamente da mesma maneira quer a massa do buraco estivesse no horizonte de eventos ou em seu interior. Newton mostrou há séculos que qualquer corpo esférico atrairá outros corpos como se toda a sua massa estivesse concentrada em seu centro. Não é necessário usar a relatividade geral para descrever como essa matéria em queda se comportará. Nesse caso, como em muitas outras circunstâncias, a gravidade ainda é fraca o bastante para que a lei de Newton permaneça válida. E ela é sem dúvida mais fácil de usar!

Viagem a outros universos

Eu talvez não devesse deixar o tema dos buracos negros sem antes discutir este tópico, muito embora ele pouco ou nada tenha a ver com a idéia de infinidade tal como ela se aplica aos buracos negros. Já se escreveu demais sobre viagens espaciais para que me seja permitido ignorá-las.

Quando os físicos estudaram em detalhe as propriedades dos buracos negros de Kerr, constataram que parecia ser possível que as partículas que caíssem num desses buracos perdesse inteiramente a singularidade. Os modelos matemáticos que usaram sugeriam que essas partículas se deslocariam então para um outro universo. E, se isso acontecesse, seria possível para as partículas seguir desse segundo universo para um terceiro. Na verdade, era um tipo de viagem que podia se repetir interminavelmente.

Isso deu origem à idéia de que poderia ser possível empreender uma viagem como essa através de um ou outro dos imensos buracos negros que presumivelmente existem nos centros das galáxias. Sendo enormes, esse buracos negros têm raios de Schwarzschild correspondentemente grandes. Como o horizonte de eventos está a uma enorme distância da singularidade central, as forças de maré são muito menos intensas que em torno de um buraco negro formado a partir do colapso de uma estrela. Não haveria razão para impedir que uma nave espacial entrasse em tal objeto, deixando ao mesmo tempo seus passageiros intactos.

Evidentemente, seria uma viagem sem volta. Uma nave espacial seria tão incapaz de sair do buraco negro quanto qualquer outra coisa. Mas talvez ela pudesse seguir uma trajetória prescrita pela solução de Kerr e acabar num universo alternativo. Aliás, talvez ela pudesse fazer uma série dessas viagens e retornar a seu próprio universo em algum outro ponto do espaço e do tempo.

Embora se tenha ouvido muita especulação sobre esse assunto, ele provavelmente nada mais é que fantasia teórica. É verdade que a solução de Kerr para as equações da relatividade geral leva em conta a rotação de um buraco negro. Mas, tal como a solução de Schwarzschild, ela faz uso de certas idealizações matemáticas. Até agora, nenhum matemático ou físico foi capaz de resolver as equações da relatividade geral no caso geral, isto é, de maneira tal que permitisse encontrar soluções para qualquer problema possível. Sempre se adotam alguns pressupostos simplificadores. Assim, se a solução de Schwarzschild pode ser comparada com uma galinha esférica, a solução de Kerr poderia ser descrita como uma galinha com corpo elipsoidal e cabeça esférica.

9

O UNIVERSO É FINITO, INFINITO OU IMAGINÁRIO?

O universo é finito ou infinito? A opinião sobre o assunto vem oscilando há quase 2.500 anos. A idéia de que o universo é infinito, e conteria inúmeros mundos, foi proposta por alguns filósofos pré-socráticos gregos, em especial Demócrito. Essa doutrina foi "refutada" por Aristóteles, que afirmava que o mundo era finito e que, ademais, não existia nenhuma quantidade infinita. Como vimos antes, Aristóteles ensinou que só podia haver infinidades potenciais. Talvez lhe parecesse que havia decidido a questão, mas a idéia de um universo infinito se recusou a morrer. Ela voltou a aflorar no pensamento do filósofo grego Epicuro, que adotou o sistema de Demócrito como base de sua própria filosofia, e em *Sobre a natureza das coisas*, um poema com a extensão de um livro, de autoria do poeta romano Lucrécio, em que as idéias de Epicuro são expostas.

Durante a Idade Média, por força da crescente ascendência de Aristóteles, a idéia de um universo finito tornou-se parte da doutrina da Igreja. Assim, quando Bruno, que havia lido Lucrécio e alguns dos pré-socráticos, desenvolveu sua doutrina sobre a pluralidade dos mundos, a idéia foi julgada herética. Não demorou, porém, para que o pêndulo voltasse a oscilar no outro sentido. Na altura do século XVII, a idéia de um universo infinito tornara-se lugar-comum.

O mesmo tipo de vacilação pode ser visto no pensamento científico do século XX. Houve fases em que os cientistas acreditaram que o universo era finito e outras em que se inclinaram na direção oposta. De fato, em dado momento alguns indícios empíricos muito persuasivos favoreceram um universo infinito. Mas depois as opiniões mais uma vez se alteraram e, no momento em que escrevo isto, grande número de físicos e astrônomos — a maioria talvez — acredita que nosso universo está tão próximo do limite que nunca viremos a saber se o universo é ou não infinito.

Sim, há um limite. Segundo a teoria geral da relatividade de Einstein, a curvatura média do espaço em nosso universo pode ser tanto positiva quanto negativa. A curvatura positiva corresponde a um universo finito, que se fecha sobre si mesmo. A curvatura negativa produz um universo infinito. Há ainda uma terceira possibilidade, um universo em que a curvatura média do espaço é zero. Tal universo seria também infinito, mas só por pouco. Pode soar estranho falar de um universo infinito "só por pouco". Qualquer quantidade de curvatura positiva, no entanto, por menor que seja, produz um universo fechado e finito. Um universo com curvatura média zero está realmente no limite.

Discutirei a concepção einsteiniana do universo em maior detalhe logo adiante. Em particular, explicarei o que são curvaturas positiva e negativa e discutirei em detalhe as propriedades dos universos finito e infinito. Antes, porém, será preciso retroceder um pouco e considerar a situação em que a ciência da astronomia se viu nos primeiros anos do século XX.

A QUE DISTÂNCIA ESTÃO AS ESTRELAS?

Na altura de 1910, os astrônomos já haviam observado e catalogado muitos milhares de estrelas. Estudando a luz que emitiam, aprenderam muito sobre a composição química de atmosferas estelares. Na maioria dos casos, contudo, não tinham como saber a que distância uma estrela estava da Terra. Um imenso número de estrelas estava concentrado na Via Láctea, uma faixa de luz que forma um arco através do céu, mas sem condições de medir distâncias, os astrônomos eram incapazes de determinar seja a estrutura exata, seja o tamanho desse enorme conglomerado estelar. Na época, existia um único método para medir a distância das estrelas, o da paralaxe estelar. Se uma estrela estivesse próxima o bastante da Terra, sua posição pareceria alterar-se ligeiramente à medida que esta seguisse seu curso em torno do Sol. Nesse caso, era possível determinar a distância da estrela por triangulação.

Os desvios na posição das estrelas, contudo, eram pequenos. Por exemplo, o sistema Alfa do Centauro está mais perto da Terra que qualquer outro sistema estelar. Está a apenas pouco mais de quatro anos-luz de nós. Mas quatro anos-luz é uma distância imensa para padrões terrestres. Um ano-luz tem mais de nove trilhões de quilômetros. Ao longo de um período de seis meses, a posição aparente de

Alfa do Centauro se altera em apenas cerca de três quartos de um segundo de arco, ou cerca de cinco milésimos de um grau. Essa alteração é aproximadamente igual ao diâmetro de uma moeda de 25 centavos vista a 3 quilômetros de distância. É possível medir um ângulo desse tamanho. Para estrelas progressivamente mais afastadas, porém, o tamanho da paralaxe diminui rapidamente. Atualmente, os astrônomos podem usar esse método para medir as distâncias de estrelas que estão a algumas centenas de anos-luz, o que não é muito pelos padrões astronômicos. Por exemplo, a Terra está a cerca de 30.000 anos-luz do centro de nossa galáxia, que mede cerca de 100.000 anos-luz de lado a lado.

Durante o início do século XX, o método da paralaxe estelar era cerca de dez vezes menos exato do que é hoje. Em conseqüência, os astrônomos só podiam determinar a distância de no máximo algumas centenas de estrelas. Se uma estrela não exibisse nenhuma paralaxe, sua distância permanecia ignorada. Medir seu brilho aparente não ajudava. Se uma estrela parecia mais brilhante que outras na sua vizinhança, isso podia significar que era realmente mais brilhante ou simplesmente que estava mais próxima da Terra. Na prática, os astrônomos só podiam estudar as estrelas como se elas fizessem parte de um arranjo bidimensional. Com exceção de umas poucas estrelas próximas, elas estavam privadas de uma terceira dimensão.

Possuindo um único estalão de distância, e de utilidade limitada, os astrônomos eram incapazes de determinar a natureza das nebulosas, as vívidas manchas de luz observadas entre as estrelas. Algumas dessas nebulosas tinham uma aparência irregular, enquanto outras possuíam uma estrutura espiralada. Em meados do século XVIII, Immanuel Kant já havia sugerido que as nebulosas espirais eram imensos sistemas de estrelas. Nas primeiras décadas do século XX, contudo, a maioria dos astrônomos acreditava que as nebulosas eram vórtices de gás, relativamente próximos da Terra, em que novas estrelas estavam sendo formadas. Se os astrônomos soubessem então o quanto as nebulosas espirais estavam longe, teriam compreendido que só podiam ser maciços aglomerados estelares; de outra forma não poderiam produzir luz suficiente para ser vista da Terra.

"COMPUTADORES" DO INÍCIO DO SÉCULO XX

Hoje em dia, a astronomia é algo extremamente sofisticado. Astrônomos profissionais raramente fazem observações visuais. Em vez disso, a luz que passa através de telescópios é colhida por detectores eletrônicos que introduzem os dados resultantes diretamente em computadores. Sob certos aspectos, os métodos que existiam no início do século eram surpreendentemente semelhantes. De fato, os astrônomos da época também tinham seus "computadores".

A astronomia no início do século XX era sobretudo uma atividade de coleta de dados. Muitos milhares de estrelas eram observados, e os dados relativos a elas eram introduzidos em catálogos e cartas estelares. Era preciso fazer muito trabalho enfadonho, e a maioria dos departamentos de astronomia das universidades tinha salas cheias de empregados cuja função era registrar nomes de estrelas e colunas aparentemente intermináveis de números nas páginas em branco dos catálogos. No Harvard College Observatory, esses empregados eram sobretudo mulheres. Seu chefe, o astrônomo Edward Pickering, pagava-lhes 25 centavos de dólar a hora e os chamava de "computadores". Pickering terminaria por reunir um conjunto de cerca de um quarto de milhão de fotografias astronômicas e os dados resultantes iriam rechear 70 volumes dos *Annals* do Harvard Observatory.

Em 1912, um dos "computadores" de Pickering fez uma descoberta que iria transformar a ciência da astronomia. Henrietta Leavitt fora incumbida da tarefa de encontrar estrelas variáveis; isto é, estrelas cujo brilho variasse no tempo. Enquanto desempenhava essa tarefa, Leavitt percebeu uma relação entre o brilho intrínseco de certo tipo de estrela variável, a chamada variável cefeida, e seu período, o tempo entre dois pontos de luminosidade máxima. Quanto mais brilhante era uma estrela, maior o seu período. Isso sugeria que, se os astrônomos pudessem medir a distância que nos separa de algumas cefeidas próximas, saberiam a que distância estão todas elas. Afinal, quando se conhece o brilho intrínseco de uma estrela é possível calcular sua distância a partir de seu brilho aparente. Esse método parece um pouco o de calcular a distância a que está uma lâmpada elétrica medindo a luz que ela emite. Quando não se sabe a potência da lâmpada, nenhuma conclusão pode ser extraída. Mas quando se sabe que ela está emitindo, digamos, 75 watts de energia, trata-se de um cálculo fácil, contanto, evidentemente, que se disponha de alguma aparelhagem para medir a luz.

O REINO DAS NEBULOSAS

Usando a nova técnica, os astrônomos tornaram-se de uma hora para outra capazes de medir a distância a que está praticamente qualquer estrela, até mesmo as que não eram cefeidas. Quando um membro de um sistema estelar binário é uma cefeida, a medida de seu período informa aos astrônomos a que distância está sua companheira também. Sabendo a que distância está essa companheira, sabe-se seu brilho intrínseco e também o de estrelas semelhantes a ela. Além disso, ocorre que nossa galáxia está cercada por grupos de estrelas chamados aglomerados globulares. Eles estão suficientemente longe para que se presuma que todas as estrelas num aglomerado se situam mais ou menos à mesma distância da Terra. Sabendo a que distância está uma estrela no aglomerado, sabemos a que distância estão também todas as outras.

As estrelas podem ser classificadas segundo sua cor, que está relacionada com sua temperatura de superfície. Epsilo de Órion, por exemplo, é uma gigante azul com temperatura de cerca de 25.000ºC. É classificada como uma estrela B0. Nosso Sol é uma estrela amarelada, de tamanho médio. Tem uma temperatura de superfície de cerca de 6.000ºC e é classificado como uma estrela G2. Todas as estrelas de determinada classe terão aproximadamente a mesma luminosidade intrínseca. Por isso, conhecendo-se a distância até uma estrela de uma classe, pode-se calcular as distâncias até as demais. Basta medir seu brilho aparente tal como visto da Terra. E quando se conhecem as distâncias até estrelas individuais, é possível determinar o tamanho e a forma de grupos de estrelas, como a nossa galáxia.

SHAPELY E HUBBLE

Usando métodos baseados no conhecimento do brilho intrínseco das estrelas, o astrônomo americano Harlow Shapely conseguiu avaliar o tamanho da Via Láctea e determinar que nosso Sol ocupava uma posição entre o centro e a borda da galáxia. A estimativa de Shapely para o diâmetro de nossa galáxia, 250.000 anos-luz, era cerca de duas vezes maior que a admitida hoje. No entanto, mesmo uma cifra contendo um erro dessa monta representava um avanço. Anteriormente os astrônomos não tinham nenhum meio de chegar a qualquer tipo de avaliação do tamanho da Via Láctea. Pelo que lhes constava, seu diâmetro podia não passar de alguns milhares de anos-luz.

Shapely acreditava que as nebulosas espirais situavam-se fora de nossa galáxia. Se isso fosse verdade, seguia-se que essas nebulosas tinham de ser corpos de tamanho comparável ao da Via Láctea. Em outras palavras — usando uma expressão que se tonou comum nas primeiras décadas do século —, elas eram outros "universos-ilhas". Shapely não conseguiu, contudo, provar sua teoria. Na época, nenhum telescópio era potente o bastante para distinguir estrelas individuais em galáxias distantes. Conseqüentemente, a idéia de que as nebulosas espirais eram nuvens de gás no interior da nossa galáxia não podia ser refutada.

A tarefa foi levada a cabo pelo astrônomo americano Edwin Hubble. Não exatamente querido por seus contemporâneos, Hubble tinha uma postura altiva e vez por outra era impolido. Nascido no Missouri, falava com um sotaque de Oxford que a muitos parecia afetação, embora ele tivesse realmente estudado em Oxford, como bolsista Rhodes. Shapely, por exemplo, tinha certeza de que se Hubble fosse despertado no meio da noite, falaria com sotaque do Missouri.

Hubble foi um dos maiores astrônomos do século XX. Em 1919, após retornar do serviço militar na Primeira Guerra Mundial, foi para a Califórnia trabalhar com o recém-concluído telescópio de Monte Wilson, de 100 polegadas. Tinha fortes suspeitas de que as nebulosas espirais eram galáxias e pretendia provar isso.

Hubble demonstrou primeiro que as nebulosas de forma irregular encontravam-se realmente dentro da Via Láctea e eram o que a maioria dos astrônomos supunha: nuvens de gás. Em seguida, Hubble se voltou para as espirais. Descobriu variáveis cefeidas na nebulosa M33 em 1926 e na nebulosa de Andrômeda em 1928. Isso não só provou que elas não eram nuvens de gás como também tornou possível avaliar a distância desses objetos; de imediato ficou patente que eles estavam mais distantes do que jamais se supusera, o que foi de fato uma descoberta fabulosa. Em 1910 — por tudo que se sabia — considerava-se que o universo podia ter não mais de alguns milhares, ou dezenas de milhares, de anos-luz de lado a lado. Agora ficava evidente que continha galáxias situadas a milhões de anos-luz de nós.

A EXPANSÃO DO UNIVERSO

No curso de seus estudos das galáxias, Hubble descobriu que a maior parte delas estava se deslocando rapidamente com relação à Terra e à galáxia da Via Láctea. Foi capaz de determinar a velocidade delas usando um fenômeno conhecido como efeito Doppler. Em 1842, o físico austríaco Christian Doppler conseguiu estabelecer uma relação entre a freqüência percebida de um som e o movimento do objeto que o emite. Ele havia notado que a altura aparente do apito de uma locomotiva era maior quando um trem estava se aproximando de um observador do que quando estava se afastando.

A explicação de Doppler foi relativamente simples. O som é um fenômeno ondulatório. Como uma onda do mar, uma onda sonora consiste em uma sucessão de cristas e cavados. As cristas correspondem a regiões em que as moléculas de ar estão comprimidas e os cavados a regiões em que o ar está ligeiramente mais rarefeito. Em outras palavras, o som nada mais é que uma onda de compressão que se desloca através do ar.

Quando um objeto está se movendo rumo a um observador, encontra-se um pouco próximo a cada vez que produz uma crista de onda. Isso faz com que as cristas fiquem mais agrupadas. Os intervalos de tempo entre cristas sucessivas são mais curtos. Isso corresponde a um tom mais alto. Por outro lado, quando o objeto está se afastando, acontece o contrário; a distância entre cristas sucessivas é mais longa, e o tom percebido é mais baixo.

A luz, que também é um fenômeno ondulatório, exibe igualmente um efeito Doppler. Quando um objeto que está emitindo luz se afasta rapidamente de um observador, os comprimentos de onda se tornam mais longos e são desviados para a extremidade vermelha do espectro. Quando um objeto está se movendo rapidamente na direção de um observador, os comprimentos de onda se tornam mais curtos e o desvio é para o azul.

As galáxias que se afastam rapidamente da Terra não assumem uma aparência vermelha. Na verdade, seu aspecto continua basicamente o mesmo. À medida que parte da luz visível que elas emitem se avermelha, a luz ultravioleta invisível é desviada para o vermelho, na direção da parte visível do espectro. Contudo, o desvio para o vermelho ou para o azul da luz emitida por uma galáxia é algo que pode ser precisamente medido. É necessário apenas examinar certos comprimentos de onda caraterísticos associados a certos elementos tipicamente encontrados nas atmosferas estelares e em seguida determinar o quanto foram desviados. Estudando a luz emitida por um objeto distante, os astrônomos podem determinar sua velocidade e também sua composição química.

Ao estudar os desvios Doppler sofridos pela luz vinda das galáxias, Hubble descobriu que enquanto algumas, como a galáxia de Andrômeda,[1] se deslocavam em direção à Terra, a grande maioria se afastava dela rapidamente. Além disso, existia uma relação simples entre distância e velocidade. Se a galáxia B fosse três vezes mais distante que a galáxia A, ela retrocedia tipicamente com uma velocidade três vezes maior. E se uma galáxia C estivesse dez vezes mais longe, movia-se dez vezes mais depressa.

Naturalmente, isso não indicava que a Via Láctea era o centro do universo e que tudo mais estava tentando fugir dela o mais rápido possível. As galáxias pareciam estar se afastando da Terra porque estavam se afastando umas das outras. Podemos comparar o universo com um bocado de massa de pão de passas. À medida que o pão se expande, a distância entre as passas aumenta. Se você escolher uma passa numa ponta da massa como ponto de referência, serão as passas na ponta oposta que parecerão se afastar mais depressa. É claro que, como toda analogia, esta deixa de funcionar num certo ponto. A massa de um pão de passas tem limites, mas — como veremos — o universo não tem limite algum.

Hubble falou em galáxias em recessão. Hoje sabemos que as galáxias estão em geral aglutinadas em aglomerados e em aglomerados de aglomerados de galáxias. Isso na verdade não complica muito a situação. Pense nas passas na massa de pão como aglomerados e não como galáxias individuais. Todas as idéias básicas permanecem as mesmas.

Não imagine que existe alguma força que leve galáxias e aglomerados de galáxias a se afastarem uns dos outros. A recessão é causada pelo fato de que o volume de espaço está se expandindo. Sob o risco de supersimplificar um pouquinho, digamos que, ao longo do tempo, os objetos que constituem o universo mantêm a mesma posição relativa num espaço maior. A razão por que isto é uma supersimplificação é que grupos de galáxias têm movimentos não relacionados com a expansão do universo. No entanto, quanto mais é a escala de distância considerada, menos importantes se tornam os movimentos locais. Nossa Via Láctea e os outros membros do grupo local estão se movendo através do espaço com uma velocidade de 600 quilômetros

1 Andrômeda é membro do "grupo local" de galáxias, um pequeno aglomerado de cerca de uma dúzia de galáxias de diferentes tamanhos que se mantêm aglutinadas por efeito da gravidade. Essas galáxias descrevem órbitas complicadas em torno umas das outras.

por segundo. Mas 600 quilômetros por segundo não é uma velocidade muito grande comparada com a velocidade de recessão de galáxias muito distantes, que pode ser uma fração considerável da velocidade da luz.

A MAIOR TOLICE DE EINSTEIN

Depois de publicar sua teoria geral da relatividade em 1916, Einstein passou a trabalhar no intuito de aplicar sua teoria ao universo como um todo. Descobriu que suas equações indicavam que o universo teria de estar ou se expandindo ou se contraindo. Muito naturalmente, ficou pasmo com esse resultado. Desde os tempos antigos, admitira-se em geral que o universo era estático. Aristóteles ensinara que o universo era imutável. Copérnico, Galileu e Newton o haviam concebido da mesma maneira. Os astrônomos do início do século XX concordavam. Tudo que não fosse um universo estático estava fora de cogitação.

Muitas vezes Einstein questionou idéias científicas geralmente aceitas, mas nesse caso ele não tentou subverter a opinião prevalecente. Em vez disso, procurou uma maneira de criar uma descrição teórica de um universo estático. Percebendo que suas equações admitiam, embora não exigissem, a inclusão de certo termo, Einstein o acrescentou, chamando-o de "constante cosmológica". Essa expressão, no fim das contas, tinha uma interpretação física simples. A constante cosmológica correspondia a uma força repulsiva que iria contrabalançar a força da gravidade em grandes distâncias. Na verdade, teria de ser uma força muito estranha, diferente de todas as demais conhecidas pela física. Uma vez acrescentada, porém, ela forneceu o resultado que Einstein queria: um universo que não mudava ao longo do tempo.

O único problema era que a teoria de Einstein de fato não funcionava. Em 1922, o matemático russo Alexander Friedmann mostrou que, mesmo com a constante cosmológica incluída, as equações de Einstein descreviam um universo que podia estar se expandindo ou se contraindo. Quando publicou seus resultados, mostrou que a suposição de Einstein de que o universo era estático era mesmo mera suposição: não se fundava em observações. A reação inicial de Einstein foi de ceticismo; Friedmann devia ter cometido um erro, concluiu. Mas, depois de examinar o artigo com mais cuidado, teve de admitir que os cálculos estavam corretos. Continuou, contudo, a afirmar que o universo permanecia inalterado no curso de longos períodos de tempo.

Depois, em 1927, o matemático belga Georges Lemaître descobriu que, se a teoria de Einstein estava correta, o universo *não* podia ser estático. O universo de Einstein era instável. A mais leve alteração transtornaria o equilíbrio entre a atração gravitacional e a repulsão cósmica. Um universo estático era como um lápis equilibrado sobre a ponta; começaria fatalmente a se mover numa direção ou noutra a qualquer instante. Um estado estático simplesmente não poderia se manter.

Por fim, em 1929, Hubble anunciou sua descoberta da recessão das galáxias. Dados empíricos indicavam que o universo estava se expandindo. Dois anos mais tarde, Einstein finalmente admitiu sua derrota com relação à constante cosmológica, qualificando sua introdução de a maior tolice de sua carreira.

Universos aberto e fechado

Se o universo está se expandindo, cabe perguntar se vai continuar a se expandir para sempre ou se a atração gravitacional entre a matéria que ele contém acabará por sustar a expansão. Afinal de contas, cada partícula de matéria no universo atrai todas as demais. A gravidade é reconhecidamente uma força fraca. Por exemplo, se prendo um objeto de aço com uma ímã, este exerce mais força sobre ele que a Terra inteira. No entanto, o universo contém grande quantidade de matéria e os efeitos cumulativos são consideráveis. Se a expansão do universo não está se aproximando de uma parada, deve pelo menos estar se tornando mais lenta.

Se soubéssemos com que rapidez o universo está se expandindo, seria possível calcular qual deveria ser sua densidade de massa se a expansão fosse ser detida. Essa densidade de massa é aproximadamente igual a 5×10^{-30} gramas por centímetro cúbico, ou cerca de três átomos de hidrogênio por metro cúbico. Lamentavelmente, a densidade de massa do universo não pode ser medida diretamente. Os cientistas só conseguem obter boas estimativas da quantidade de massa contida nas estrelas, e só uma pequena fração da matéria no universo — algo entre 1 e 10 por cento — existe sob forma de estrela. No momento, não se sabe quanta matéria não-luminosa existe.

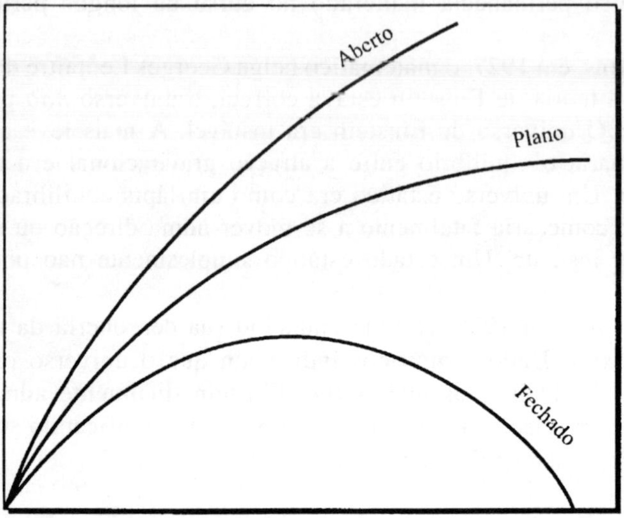

FIGURA 8. Um universo aberto se expande para sempre. A distância média entre as galáxias não cessa de aumentar. A expansão de um universo plano também prossegue para sempre, mas sua taxa de expansão acaba por se reduzir a quase nada. Num universo fechado, a expansão cessa em certo momento e ele ingressa então num estado de contração. Por fim, desmorona sobre si mesmo num *big crunch*.

Se a massa é maior que a densidade crítica, as equações da relatividade geral implicam não só que a expansão do universo acabará cessando, mas também que o universo é finito em extensão. Se houver massa suficiente para finalmente deter a expansão, haverá massa suficiente para fazer com que o espaço se curve sobre si mesmo. De um universo com esse caráter, diz-se que é fechado. A curvatura média do espaço num universo fechado é positiva. De certo modo, o espaço num universo fechado é análogo à superfície esférica da Terra. Se tal universo durasse por tempo suficiente, uma nave espacial poderia — pelo menos em teoria — partir numa direção e atingir seu ponto de partida vindo da direção oposta após viajar durante bilhões de anos. Mas há uma importante diferença entre tal universo e a Terra. A superfície bidimensional da Terra é curvada numa terceira dimensão, mas não há nenhuma quarta dimensão espacial em que o espaço de universo fechado possa ser curvo. Não tente visualizar que aparência teria um universo fechado. Nem cientistas teóricos são capazes. Como alternativa, trabalham com as equações de Einstein, que fornece uma representação clara da estrutura do espaço-tempo em tais circunstâncias.

Se um universo fechado tem um "formato" um tanto análogo ao de uma esfera, a curvatura do espaço num universo aberto, aquele em que a densidade de massa é menor que o número crítico, pode ser comparada à de uma sela. Uma sela se curva para cima, na direção da frente para trás, e para baixo de lado a lado. Se a sela se curvasse para baixo numa direção no mesmo grau em que se curva para cima na outra direção, as extremidades nunca se encontrariam. Conseqüentemente um universo aberto é infinito. Em tal caso, diz-se que o universo tem uma curvatura negativa.

Uma outra possibilidade é um universo em que a densidade de massa é exatamente igual ao número crítico e a curvatura média do espaço é zero. Tal universo pode ser comparado a um plano liso que se estende para fora em todas as direções. Como um universo aberto, um universo plano é infinito. Num tal universo, a taxa de expansão cresce cada vez mais lentamente, aproximando-se de zero, mas nunca chegando realmente lá.

O BIG BANG

Se o universo está se expandindo, deve ter havido um momento em que ele existiu num estado de extrema compressão. De fato, pode-se obter uma estimativa grosseira do momento em que o universo começou, medindo a taxa atual de expansão. O cálculo da data de nascimento do universo envolve, porém, várias incertezas. Por exemplo, na hora em que escrevo isto a taxa de expansão do universo não é conhecida com precisão. Diferentes astrônomos encontram diferentes números e até agora não se chegou a um acordo.

Ademais, a idade do universo depende também da quantidade de matéria que ele contém. Uma maior densidade de massa significa que houve maior retardação gravitacional no passado, e isso afeta o cálculo da idade do universo. É razoavelmente seguro, contudo, considerar que o universo teve início entre 10 e 20 bilhões de anos atrás; a idade de 15 bilhões de anos é freqüentemente citada como um bom número conciliatório.

Existem indícios de que o universo começou numa explosão cósmica, o *big bang*. Há cerca de 15 milhões de anos, pouco depois do *big bang*, o universo era uma bola de fogo quente, fulgurante, cheia de partículas atômicas em rápido movimento. Três importantes tipos de indícios amparam essa conclusão. Um, a expansão atual do universo, já foi mencionado. O segundo é a existência de um fundo cósmico de microondas. Em 1964, dois físicos dos Bell Laboratories, Arno Penzias e Robert Wilson, descobriram que um estranho tipo de radiação caía sobre a Terra, vindo de todas as regiões do céu. Essa radiação consistia em ondas de rádio na parte de microondas do espectro e era semelhante àquela emitida por um corpo negro numa temperatura de cerca de três graus acima do zero absoluto, ou 3 K. Aqui, K representa Kelvins, a escala de temperatura que recebeu o nome do físico britânico do século XIX Lord Kelvin. A única diferença entre as escalas Celsius e Kelvin está nos respectivos pontos zero: 0 K é igual a –273°C.

Desde que Penzias e Wilson fizeram sua descoberta, o fundo de microondas foi medido inúmeras vezes, com precisão cada vez maior. Hoje se sabe que ele é equivalente à radiação de um corpo negro numa temperatura de 2,75 K, e não varia segundo a estação ou a hora do dia. Os corpos negros irradiam quantidades diferentes de energia em diferentes temperaturas, e nenhuma diferença entre a radiação de fundo e o espectro de um corpo negro teórico jamais foi encontrada. A intensidade do fundo de microondas é ligeiramente superior numa direção do céu que na outra. Isso é atribuído aos movimentos da Terra e da Via Láctea através do espaço.

Quando observam a radiação de corpo negro, os cientistas estão de fato vendo a bola de fogo do *big bang*. A razão por que vêem ondas de rádio e não luz é que a radiação foi emitida 15 bilhões de anos atrás. Desse momento para cá ela sofreu um enorme desvio para o vermelho. Os comprimentos de onda do que era originalmente luz visível foram alongados, convertendo-se em ondas de rádio. Outra maneira de encarar esse fenômeno é imaginar as ondas de luz sendo "esticadas" à medida que o universo se expandiu. Quanto maior o universo foi ficando, maior se tornou a distância entre cada crista de onda sucessiva, tal como aumentou a distância entre os aglomerados de galáxias.

É esse efeito que fornece a solução para o paradoxo de Olbers (discutido no Capítulo 3). Quando os cientistas olham para o céu em qualquer direção, vêem "luz" por toda parte. Mas essa luz teve sua intensidade amortecida ao longo de um período de bilhões de anos, de modo que tudo que se pode observar hoje é uma brasa quase extinta.

Finalmente, a razão por que o fundo de microondas é visto em toda parte é que o *big bang* foi algo que ocorreu em toda parte. É um erro pensar no *big bang* como uma explosão em que matéria foi arremessada num espaço maior preexistente. Não havia espaço fora do *big bang*. Houve tempo em que o universo foi muito menor do que é hoje, mas não havia nada fora dele. Então, como agora, ele não tinha limites. Vivemos dentro do espaço em que o *big bang* teve lugar originalmente. Evidentemente, esse espaço está hoje enormemente ampliado.

A MEDIÇÃO DO HÉLIO

O terceiro tipo de indício de que houve um *big bang* cerca de 15 bilhões de anos atrás é o fato do hélio responder por cerca de 25% do peso do universo. O resto é sobretudo hidrogênio. Elementos como carbono, nitrogênio, oxigênio, silício e ferro, tão comuns na Terra, contribuem apenas com uma pequena fração da massa total do universo. Poderíamos dizer que nosso planeta e os organismos que nele vivem não passam de impurezas cósmicas.

As percentagens de hidrogênio e hélio não variam muito de um lugar para outro no universo. As estrelas compõem-se de cerca de 25% de hélio. Os astrônomos encontram em torno da mesma quantidade em estrelas jovens, estrelas velhas, e naqueles objetos brilhantemente incandescentes conhecidos como quasares, que existiram muitos bilhões de anos atrás, e cuja luz ainda pode ser vista hoje. Nuvens de gases interestelares contêm cerca de 25% de hélio. O hélio é encontrado também nos raios cósmicos. Em sua maioria, as partículas dos raios cósmicos são prótons. Outras consistem em núcleos de átomos mais pesados. Quando os raios cósmicos são estudados em detalhe, núcleos de hélio revelam-se presentes aproximadamente na mesma razão em que são encontrados em qualquer outra parte.

Não é difícil explicar por que deveria haver tanto hidrogênio no universo. Um átomo de hidrogênio consiste em um próton e um elétron, duas das três partículas básicas de que a matéria é feita. O hélio, por outro lado, é mais complexo. Um núcleo de hélio consiste em dois nêutrons e dois prótons. Para explicar uma abundância de hélio de 25% é preciso analisar como tal quantidade poderia ter sido formada.

O hidrogênio é convertido em hélio nas estrelas. A luz e o calor que as estrelas difundem são produtos de reações de fusão de vários tipos. A mais comum dessas reações é a que converte quatro prótons em um núcleo de hélio. Trata-se de uma reação em múltiplos passos, semelhante à que tem lugar na explosão de uma bomba de hidrogênio. A conversão de quatro prótons num núcleo que contém ao mesmo tempo prótons e nêutrons é possível porque num certo ponto da reação um próton é convertido em um pósitron e um nêutron. Isso é o oposto do processo de decaimento beta em que um nêutron decai num pósitron e num elétron. Sim, um próton pode se tornar um nêutron, assim como um nêutron pode se tornar um próton, desde que todas as contas (por exemplo, energia e carga elétrica) se equilibrem. Como um nêutron e um pósitron têm a mesma carga elétrica que um próton, +1, tudo se equilibra perfeitamente.

É possível calcular aproximadamente quanto hidrogênio foi convertido em hélio nas estrelas durante os últimos 15 bilhões de anos. Quando esse cálculo é feito, obtém-se uma cifra de muito menos de 25%, o que nos força a aceitar a conclusão de que a maior parte do hélio observado deve ter sido gerado em alguma outra parte.

O hélio poderia facilmente ter sido criado na bola de fogo do *big bang*. Cálculos indicam que quando o universo tinha menos de um minuto de idade, as temperaturas eram altas demais para que núcleos de hélio pudessem existir. Caso alguns tivessem se formado, teriam sido despedaçados por colisões com outras partículas. Passado um minuto, porém, as temperaturas teriam decrescido a um ponto em que os núcleos de hélio seriam estáveis. Ainda ocorreriam colisões, mas não seriam tão destruidoras; a energia média das partículas subatômicas seria menor. Depois, à medida que o universo continuou a se expandir, as temperaturas caíram ainda mais e a matéria ficou mais dispersa. A produção de hélio se desacelerou e o processo finalmente foi detido.

Reconheço que este argumento tem certa circularidade. Temos de admitir que um *big bang* aconteceu para explicar as quantidades de hélio observadas no universo. Por sua vez, isso confirma a hipótese de que um *big bang* aconteceu. Mas a verdade é que se criou uma explicação muito plausível para a produção do hélio, e parece não haver outra maneira de explicar por que existe tamanha quantidade desse elemento. Além disso, um corpo de indícios relacionados fortalece o argumento. O deutério, um isótopo de hidrogênio, está presente em nosso universo numa concentração de cerca de 15 partes por milhão por peso. Isso é importante porque o deutério não pode ser manufaturado nas estrelas. Ele só pode ser criado sob condições muito especiais, como aquelas que presumivelmente existiram no *big bang*.

Um núcleo de deutério consiste em um próton e um nêutron. Ele é considerado um isótopo do hidrogênio porque seu comportamento químico é semelhante. Os núcleos dos átomos tanto de hidrogênio quanto de deutério contêm uma única carga positiva a cuja volta gira um único elétron. O próton e o nêutron presentes no núcleo de deutério estão muito debilmente ligados. Se fosse criado no interior de uma estrela, um núcleo como esse se fragmentaria quase imediatamente após se formar. A primeira partícula energética que aparecesse por perto o rebentaria. Por outro lado, uma pequena quantidade de deutério poderia facilmente ter sido criada no *big bang*, mais ou menos no mesmo momento em que o hélio se formou. Nessas condições, as colisões de partículas teriam sido freqüentes o bastante para criar o isótopo, mas as temperaturas teriam sido suficientemente baixas para permitir que pelo menos parte do deutério sobrevivesse.

O DESTINO DO UNIVERSO

Todo os indícios apontam para um *big bang*. Mas isso não nos revela o que acontecerá com o universo no futuro. Se o universo for aberto, vai se expandir para sempre. Passados bilhões de anos, todas as estrelas existentes vão se extinguir ou desabar em buracos negros. Por algum tempo, o universo conterá gás estelar suficiente para criar novas estrelas, mas a provisão desse gás acabará se esgotando e o universo se tornará um espaço frio e escuro. Mesmo depois que isso acontecer, a expansão prosseguirá implacavelmente, de tal modo que a matéria ficará progressivamente mais dispersa.

Por outro lado, se o universo for fechado, a expansão vai acabar parando e começará uma fase de contração. Uma vez iniciada essa contração, as forças gravitacionais farão com que ela prossiga cada vez mais rapidamente até que o universo desmorone num "*big crunch*" que é o análogo do *big bang*. Um universo fechado terá fim, inevitavelmente.

Para todos os fins práticos, a terceira possibilidade, a de um universo plano, pode ser desprezada. A probabilidade de que o universo esteja em tal estado é zero. A densidade de massa do universo poderia ter um número infinito de valores. Mas se o universo fosse plano, essa quantidade teria de ser *exatamente* igual à densidade crítica. De todo modo, se o universo fosse plano, seu destino seria muito parecido com o de um universo aberto. A única diferença seria que a taxa de expansão acabaria por se reduzir a quase nada.

Desde que ficou claro que o universo pode ser tanto aberto quanto fechado, os cientistas têm tentado encontrar meios de determinar que caráter ele tem. Quando publicou seu artigo sobre o universo estático em 1917, Einstein admitiu que o universo era fechado. Ao que parece, fez essa escolha em bases estéticas. Em 1917, nenhum indício apontava para um universo aberto ou fechado. Muito provavelmente, Einstein sentiu que adotando esse pressuposto evitaria problemas potenciais com a infinidade.

Hubble foi o primeiro a tentar resolver a questão empiricamente. Raciocinou que, se o universo fosse fechado, as galáxias pareceriam ser menos numerosas à medida que contemplássemos universos cada vez maiores. Se olhássemos para uma distância de, digamos, 100 milhões de anos-luz, o volume de espaço encerrado dentro desse raio seria menor num universo fechado que num universo aberto. Se havia menos espaço, haveria menos galáxias. No início da década de 1930, Hubble começou a contar galáxias. Infelizmente, parece ter chegado à sua conclusão de que o universo era fechado de maneira um tanto precipitada, baseando-a em pequenas discrepâncias que encontrara em seus dados referentes a desvios para o vermelho. Hoje, reconhece-se em geral que Hubble não provou coisa alguma.

Quando outros astrônomos tentaram aperfeiçoar o resultado de Hubble, foi se evidenciando pouco a pouco que seria difícil, talvez impossível, chegar a uma resposta para a questão através de observações astronômicas. Quando se observavam galáxias a grandes distâncias, havia simplesmente incertezas demais. E, é claro, a densidade de massa do universo não podia ser medida diretamente. Já em 1933, ficou óbvio que o universo continha matéria que os astrônomos não podiam ver. Nesse ano, o astrônomo Fritz Zwicky, do Instituto de Tecnologia da Califórnia, descobriu na constelação *Cabeleira de Berenice* um grande aglomerado de galáxias que pareciam se manter juntas por força da atração gravitacional mútua. Mas a quantidade de massa nas estrelas das galáxias era apenas um fração daquela necessária para manter o aglomerado coeso. Segundo Zwicky, o problema era "uma massa que faltava". Para usar uma terminologia moderna, o aglomerado continha matéria escura. Matéria escura é exatamente o que as palavras sugerem — matéria que se sabe ou se presume estar presente, mas que o astrônomos não conseguem ver. Aqui, escura significa na verdade "invisível". A matéria escura é aquela que não emite luz nem qualquer outro tipo de radiação observável.

A DEFESA DE UM UNIVERSO ABERTO: UM GRANDE BURACO É ENCONTRADO NA ARGUMENTAÇÃO

Em 1974, quatro astrofísicos americanos, J. Richard Gott III, James Gunn, David Schramm e Beatrice Tinsley, apresentaram dados que, segundo eles, indicavam que o universo era aberto. Seus cálculos haviam se baseado na quantidade observada de deutério. A quantidade de deutério que o universo contém depende, diziam eles, da densidade da matéria no momento em que foi criado. Conhecendo-se a densidade da matéria naquele momento, era possível calcular a densidade da matéria hoje. O resultado foi um número consideravelmente menor que a densidade crítica.

A partir de 1974, esse cálculo foi refinado e cálculos similares foram feitos para outros isótopos leves, como o hélio 3 (assim chamado porque um núcleo de hélio 3 contém três partículas, dois prótons e um nêutron) e lítio 6. Os resultados indicam que a densidade da massa do universo não passa de 6% da densidade crítica.

Atualmente, os cientistas não consideram esse argumento muito consciente. Cálculos baseados nas concentrações observadas de deutério e outros elementos leves nos revelam apenas a quantidade de matéria bariônica que existe no universo. A expressão matéria bariônica significa "matéria comum"; em outras palavras, matéria feita de nêutrons, prótons e elétrons. Os nêutrons e os prótons pertencem aos bárions, uma classe de partículas. Os elétrons não são bárions, mas são tão leves que podem ser deixados fora da contabilidade. Os elétrons dão apenas uma pequena contribuição para a densidade da massa do universo.

A argumentação nada diz sobre o número de outras partículas que poderiam ter sido produzidas na grande explosão e que ainda poderiam estar presentes em grandes números hoje. Essas partículas incluem aquelas que sabemos existir e aquelas cuja existência foi sugerida em bases teóricas mas ainda não foram observadas em laboratório. Não há razão para que essas partículas não-bariônicas não tenham dado uma significativa contribuição para a densidade da massa do universo. Se o fizeram, o universo poderia ser fechado, ainda que a contribuição da matéria bariônica fosse pequena.

Um fato comprovado é que o universo contém grande quantidade de matéria que os astrônomos não podem ver. Pelo menos 90% — possivelmente 99% — do universo consistem em matéria escura de um tipo ou de outro. Foi demonstrado que as galáxias espirais, entre as quais a nossa, são cercadas por halos escuros. Ninguém sabe ao certo de que os halos são feitos, mas não há dúvida de que estão lá porque seus efeitos gravitacionais podem ser observados. Foi comprovado também que há matéria escura adicional em aglomerados de galáxias. As observações não podem verificar se ela existe em quantidade suficiente para fechar o universo. Mas a possibilidade certamente existe.

Ninguém sabe e você não pode descobrir

Caso a teoria do universo geralmente aceita esteja correta, o universo está tão próximo do limite entre o aberto e o fechado que jamais seremos capazes de determinar seu verdadeiro caráter. Em 1980, o físico americano Alan Guth propôs sua teoria do universo inflacionário. Segundo Guth, o universo passou por uma "expansão inflacionária" extremamente rápida quando tinha uma fração de segundo de existência. Num minúsculo período de tempo, igual a cerca de 10^{-32} segundos, seu volume pode ter crescido por um fator de 10^{50} ou mais. A expansão começou quando o universo tinha cerca de 10^{-33} segundos de idade e se encerrou pouco depois. Seguiu-se uma expansão muito mais lenta.

Talvez pareça extravagante especular acerca de eventos que ocorreram no lapso de 10^{-32} segundos. Mas se você está convencido de que a relatividade geral é uma teoria correta, é certamente possível considerar o que poderia ter acontecido num momento tão precoce inicial. De fato, é possível retroceder a um momento ainda anterior antes que a teoria da relatividade geral sucumba. Já se você quisesse considerar o que estava acontecendo antes de 10^{-33} segundos, ela teria de ser substituída por uma teoria da gravidade quântica.

Não vou discutir a teoria do universo inflacionário em detalhe aqui. Remeto o leitor interessado a meu livro *Cosmic Questions* (que contém também uma discussão detalhada da matéria escura). Quero, no entanto, fazer duas observações. Primeiro, a teoria do universo inflacionário parece ser a única capaz de explicar por que o universo atual possui certas características observadas. Segundo, muitos físicos acreditam que as condições no universo primordial eram tais que uma expansão inflacionária de um tipo ou de outro teria sido inevitável. Os campos quânticos que existiam no princípio do universo devem ter criado uma enorme força para fora. Expressando isto de maneira um pouco diferente, por um breve momento no tempo houve realmente uma constante cosmológica.

Darei apenas um exemplo do potencial que tem a teoria inflacionária para explicar as condições presentes. Considere a extraordinária uniformidade da radiação cósmica de fundo de microondas. Ela é a mesma em todas as direções. Essa radiação foi emitida quando o universo tinha cerca de 300.000 anos. Portanto, vem se deslocando através do espaço há 15 bilhões de anos. Assim, quando olhamos para lados opostos do céu, temos regiões que estão a 30 bilhões de anos-luz uma da outra. Mas o que poderia torná-las tão semelhantes? Sem expansão inflacionária, essas regiões jamais poderiam ter estado em contato. Afinal, o universo tem apenas 15 bilhões de anos de idade, e teriam sido necessários pelo menos 30 bilhões de anos para que alguma influência causal se deslocasse de um região para a outra. Tampouco teria havido tempo para isso acontecer no passado. Por exemplo, quando o universo tinha um bilhão de anos, as mesmas regiões estavam a dois bilhões de anos-luz uma da outra.

Por outro lado, se a inflação realmente ocorreu, então houve um momento em que tudo o que vemos estava comprimido num espaço relativamente pequeno. Essas regiões imensamente separadas poderiam ter estado em contato. Além disso, pode ter havido algum processo de "aplanamento" para assegurar que o universo seria uniforme agora.

A teoria do universo inflacionário está entre aquelas que não podem ser realmente "provadas". Na verdade, ela foi originalmente elaborada para a finalidade específica de explicar por que o universo é tal como é; não fornece nenhuma previsão que possa ser testada. No entanto, nenhuma outra teoria é capaz de explicar o que a teoria do universo inflacionário explica. No momento, os cientistas não têm conhecimento de nenhum meio de explicar por que o universo tem as propriedades que tem sem partir do pressuposto de que houve um período de expansão inflacionária.

Se a teoria do universo inflacionário estiver correta, deduz-se que o universo deve ser muito aproximadamente plano. A teoria prevê que o universo está tão próximo do limite que jamais seremos capazes de saber se ele é ligeiramente aberto ou ligeiramente fechado. Uma

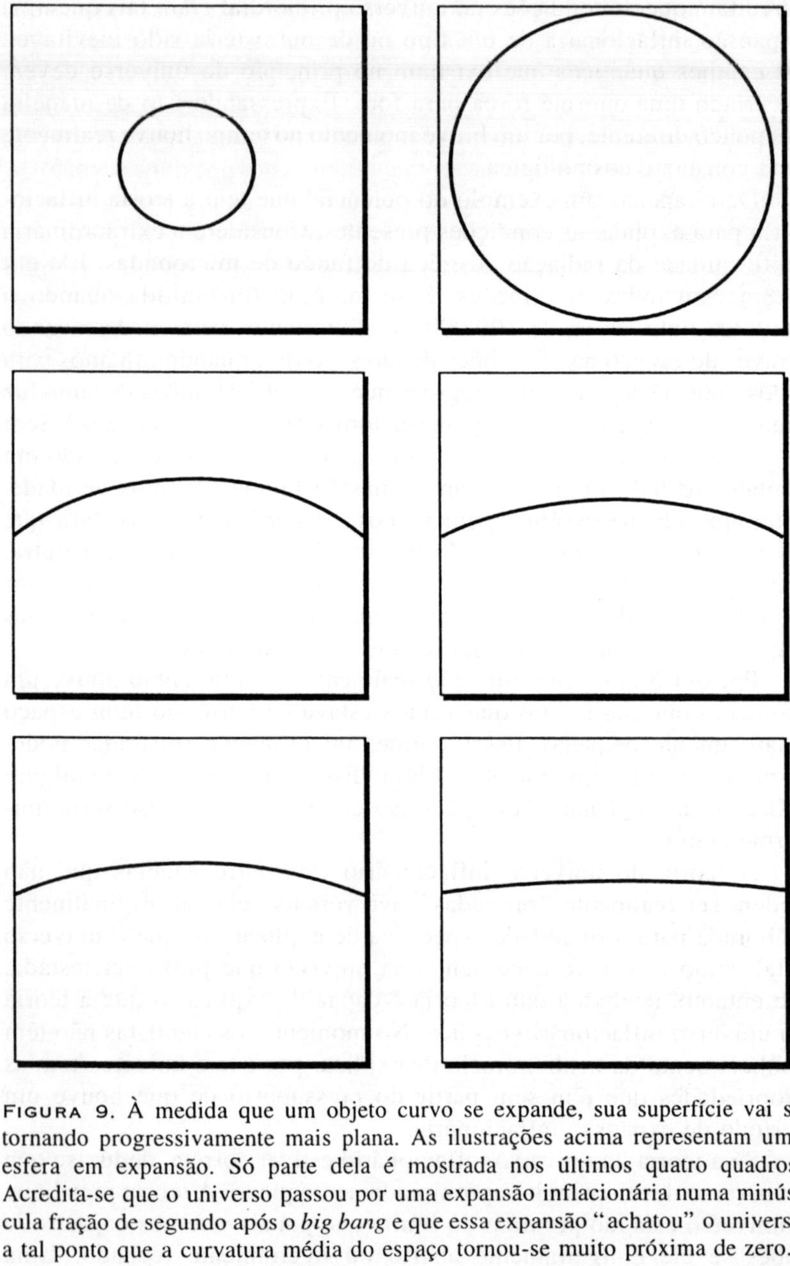

FIGURA 9. À medida que um objeto curvo se expande, sua superfície vai se tornando progressivamente mais plana. As ilustrações acima representam uma esfera em expansão. Só parte dela é mostrada nos últimos quatro quadros. Acredita-se que o universo passou por uma expansão inflacionária numa minúscula fração de segundo após o *big bang* e que essa expansão "achatou" o universo a tal ponto que a curvatura média do espaço tornou-se muito próxima de zero.

expansão inflacionária tem o efeito de "aplanar" a curvatura do espaço. Para entender por que isso é assim, considere a analogia de um balão. Se um balão contiver apenas um pouco de ar, sua superfície será extremamente curva. Se for inflado em seguida, a curvatura ficará menor e sua superfície ficará cada vez mais plana. Evidentemente, quando um balão é inflado seu tamanho aumenta por um fator de não mais que dez ou vinte, o que é quase nada comparado com o fator de cerca de 10^{50} característico da expansão inflacionária.

Um outro exemplo envolve a comparação de um pequeno asteróide com a Terra. Para uma pessoa postada num pequeno asteróide com 1,5 quilômetro de lado a lado, sua superfície pareceria obviamente curva. A superfície da Terra, porém, nos parece plana, ainda que saibamos que nosso planeta é um corpo aproximadamente esférico. Mais uma vez, temos aqui uma diferença pequena em face daquela que teria sido produzida por uma expansão inflacionária. O diâmetro da Terra é apenas cerca de 8.000 vezes maior que o do nosso asteróide imaginário, não 10^{50} maior.

Assim, talvez não surpreenda tanto que ninguém jamais tenha podido afirmar se nosso universo é infinito ou não.

A SINGULARIDADE DO BIG BANG E O TEMPO IMAGINÁRIO

Durante a década de 1960, Stephen Hawking e Roger Penrose demonstraram uma série de teoremas para propor que, se a teoria geral da relatividade está correta, deve ter havido uma singularidade do *big bang*. Em outras palavras, a teoria implica que o universo começou num estado de densidade infinita. Se o universo for fechado, tudo estava comprimido inicialmente num único ponto. Além disso, uma segunda singularidade se formará quando o universo entrar em colapso no *big crunch*, daqui a muitos bilhões de anos. Por outro lado, se o universo for infinito, terá sido sempre infinito. Isso não nos permite, porém, escapar da idéia de uma singularidade do *big bang*. No início, o universo e tudo que nele havia teriam estado igualmente comprimidos.

Não temos, é claro, de tomar esses resultados ao pé da letra. Hawking e Penrose partiram do pressuposto de que a relatividade geral estava sempre correta. Há um ponto, porém, em que ela deixa de ser válida. Assim, tudo que sabemos é que houve inicialmente algo semelhante à singularidade no centro de um buraco negro. Ou era uma verdadeira singularidade, ou era algo muito, muito pequeno.

Ainda que ninguém possa dizer se uma teoria quântica da gravidade implicaria ou não na existência de uma singularidade do *big bang*, vale a pena examinar se é possível evitar sua previsão. Afinal, todas as leis da física deixam de vigorar numa singularidade. Se a teoria diz que houve uma, jamais poderíamos dizer o que aconteceu antes dela, ou descrever de que modo o universo passou a existir. Aliás, não seríamos capazes nem mesmo de dizer se houve algo como tempo "antes" do *big bang*, ou se espaço e tempo passaram a existir no momento da criação.

Stephen Hawking e o físico americano James Hartle encontraram uma maneira de evitar a conclusão de uma singularidade no *big bang*. Sua hipótese não é amparada por nenhum indício empírico significativo e Hawking teve o cuidado de enfatizar que se trata apenas de uma "proposta". Em outras palavras, o que Hawking e Hartle fizeram foi descrever uma maneira pela qual o universo *poderia* ter começado.

A proposta, que é discutida no livro de Hawking *Uma breve história do tempo*, lança mão do conceito de "tempo imaginário". É preciso frisar que a palavra *imaginário* está sendo usada num sentido técnico, matemático, não no sentido em que geralmente a usamos. Se há — ou houve outrora — algo como um tempo imaginário, ele seria tão real quanto o tempo que experimentamos no mundo cotidiano.

O tempo imaginário está relacionado com o conceito de número imaginário. Os números imaginários foram descobertos no século XVI, quando os matemáticos começaram a se perguntar qual podia ser o significado de quantidades tais como $\sqrt{-4}$. A raiz quadrada de –4 não pode ser um número positivo porque quaisquer dois números positivos dão um resultado positivo quando multiplicados um pelo outro. Da mesma maneira não pode ser um número negativo porque também nesse caso resulta um número positivo. Por exemplo, $-2 \times -2 = 4$. Diante disso os matemáticos inventaram o número imaginário i, que tinha a propriedade de $i \times i = -1$. Em outras palavras, i era a raiz quadrada de –1. Nesse sistema, a raiz quadrada de –4 é simplesmente 2i. Os números imaginários podem ser somados, subtraídos, multiplicados e divididos exatamente como os números reais. Podem também ser somados a números reais. Quando isso é feito, obtém-se o chamado número complexo, por exemplo, a quantidade $\sqrt{4} + \sqrt{-4}$ é $2 + 2i$.

Os números imaginários não são uma mera curiosidade matemática. São amplamente usados em campos como a física e a engenharia. Na versão da mecânica quântica de Schrödinger, as ondas são descritas por números complexos. Por isso é que só foi possível dar uma interpretação física ao quadrado da amplitude da onda (a amplitude da onda é sua altura). Os números imaginários desapareciam quando as quantidades eram elevadas ao quadrado.

Na teoria Hawking-Hartle, porém, os números não desaparecem. O tempo imaginário recebe uma verdadeira interpretação física. Aqui, quando o tempo se torna imaginário, ele se assemelha a uma dimensão do espaço. Segundo Hawking e Hartle, se você olha suficientemente para trás no tempo, a dimensão do tempo torna-se imaginária. Em outras palavras, se você contempla as condições vigentes no início da história do universo, é possível que o tempo deixe de ser tempo no sentido comum. Ele se torna, em vez disso, algo parecido com espaço. Hoje, há três dimensões de espaço e uma de tempo. Na teoria de Hawking-Hartle, houve originalmente quatro dimensões de espaço.

A teoria Hawking-Hartle não contém singularidade porque não é possível recuar nosso olhar até o momento "zero". O tempo se torna imaginário antes. Nessa teoria, o universo não tem começo. Um "começo", afinal, é algo que ocorre no tempo. Se a proposta deles estiver correta, originalmente não havia tempo.

A proposta Hawking-Hartle implica também que, se o universo for fechado, ele não terá fim. À medida que o universo desmoronar num *big crunch,* o tempo se tornará de novo imaginário, e haverá de novo quatro dimensões do espaço.

Ninguém sabe se a proposta Hawking-Hartle vai se provar verdadeira. Os dois autores demonstraram apenas que sua teoria é uma possibilidade teórica. Mas ela sem dúvida permite contornar a dificuldade de lidar com uma singularidade de *big bang*, aquele estado infinitamente comprimido em que o tempo, o espaço e todas as leis da física chegam ao fim.

A teoria do tempo imaginário fornece também uma explicação possível para o que poderia acontecer com a matéria que cai nas singularidades no centro de buracos negros. Segundo Hawking, essas partículas podem viajar através do tempo imaginário rumo a um "universo bebê". Essa expressão extravagante denota uma região pequena e independente do espaço-tempo. Uma vez que não conteria nada senão a matéria que caiu no buraco negro, ela seria bastante pequena comparada ao nosso universo. Os universos bebês de Hawking, se é que eles existem, presumivelmente só permaneceriam vinculados ao nosso universo por um breve tempo. Segundo Hawking, eles poderiam se ligar de novo a ele em algum ponto. Em tais casos, teriam a aparência de buracos negros.

TEORIA BEM-ESTABELECIDA E ESPECULAÇÃO SEM FUNDAMENTO

Livros como este, que discutem ao mesmo tempo o *big bang*, a expansão inflacionária e coisas como a teoria do tempo imaginário de Hawking, dão freqüentemente a impressão de que todas estas teorias estão em pé de igualdade. Na verdade, algumas das idéias discutidas neste capítulo são consideradas bem-estabelecidas, ao passo que outras são bastante especulativas. Certamente elas não têm iguais probabilidades de ser verdadeiras.

Por exemplo, o astrofísico britânico Michael Rowan-Robinson avaliou em 99% a probabilidade de que a teoria do *big bang* forneça uma descrição correta do universo a partir do primeiro segundo passado após o início do *big bang*. Por outro lado, pensa que só há 30% de chance de ter havido um período de expansão inflacionária. Indo adiante, Rowan-Robinson atribui uma probabilidade de 10% à teoria das supercordas. Sobre a teoria do tempo imaginário, ele diz que ela tem apenas 1% de chance de ser "o caminho".

As estimativas de Rowan-Robinson são conservadoras. Imagino que a maioria dos cosmólogos atribuiriam uma probabilidade de mais de 30% à teoria do universo inflacionário. No entanto, a ampla maioria deles concordaria em alguns pontos. Ninguém discute a teoria do *big bang*; é considerada bem-estabelecida e a maior parte dos cientistas acredita que ela nos permite fazer deduções sobre o estado do universo quando ele tinha menos de um segundo de existência. Da mesma maneira, a maioria dos cientistas concordaria que a teoria de Hawking e Hartle é especulativa e que a teoria do universo inflacionário situa-se em algum ponto entre uma coisa e outra.

10

Mundos infinitos

Na época de Giordano Bruno, falar de uma infinidade de mundos era heresia. Hoje, os cientistas falam habitualmente da possibilidade de haver um número infinito de universos. De fato, encontramos uma série de variações em torno desse tema. Uma se baseia na seguinte idéia: se o *big bang* pôde acontecer uma vez, porque não pode acontecer muitas vezes, ou até um número infinito de vezes? Outra tem origem no pensamento corrente sobre a mecânica quântica, fundada na seguinte noção básica: se o universo é visto como um sistema quântico-mecânico, é necessário admitir que existe um número infinito de universos aos quais diferentes probabilidades podem ser atribuídas. E na mecânica quântica, tudo a que você possa atribuir uma probabilidade "existe" em algum sentido do termo. Finalmente, uma teoria sugere que os universos poderiam ser capazes de se reproduzir através de uma espécie de processos de "brotação". É possível que um universo seja capaz de produzir pequenas bolhas de espaço-tempo, que depois se separariam do universo gerador e passariam por expansões inflacionárias próprias.

Não há dúvida de que todas estas teorias são especulativas, mas a especulação é uma parte tão importante da ciência quanto a observação e o experimento. Antes de podermos apurar o que é verdade, temos de detectar o que poderia ser verdade. Caso se descubra que as leis da natureza realmente admitem a existência de outros universos, um avanço terá sido feito, ainda que esses outros universos nunca possam ser observados.

Se outros universos existem, não é possível dizer onde estão. A palavra *onde* se refere a uma localização no espaço, e o espaço que observamos é algo que está contido no nosso universo. É possível, no entanto, que alguns desses outros universos estejam ligados ao nosso por microscópicos buracos de minhoca. Se for assim, esses buracos de minhoca poderiam afetar o caráter de nosso universo de alguns modos. E se for assim, a existência de outros universos poderia ser inferida, tal como a existência de partículas virtuais (que, igualmente, não podem ser vistas). A possível existência de outros universos é uma idéia especulativa. Mas não é uma especulação vã. Como veremos, a criação de teorias de "universos alternativos" pode levar a alguns avanços reais no conhecimento científico.

O UNIVERSO COMO UM GRANDE NADA

Se a teoria do universo inflacionário está correta, é provável que nosso universo só contivesse originalmente uma quantidade muito pequena de matérias, ou talvez absolutamente nenhuma. Quase toda a massa do universo teria sido criada durante o período de expansão inflacionária. À medida que o universo teve seu tamanho rapidamente aumentado nesse curto período, matéria e energia teriam entrado às pressas para preencher o espaço que se expandia rapidamente. Isso teria podido acontecer porque o universo contém grande quantidade de energia negativa, capaz de equilibrar perfeitamente sua massa positiva. Como massa e energia podem ser equiparadas através da equação de Einstein $E = mc^2$, é possível que a soma de ambas seja zero.

Existem muitos tipos diferentes de energia. A energia gravitacional, contudo, existe em quantidades muito maiores que qualquer outro tipo. E é sempre negativa. Para entender a razão disso, considere o caso de um cometa que está tão afastado de nosso Sol que sofre muito pouca atração gravitacional. Em tal caso, a energia gravitacional do sistema composto pelo nosso Sol e o cometa estaria próxima de zero. Suponha agora que alguma perturbação — talvez uma grande aproximação com outro corpo astronômico — leve o cometa a começar a se mover em direção ao Sol. À medida que se aproximar do Sol, o cometa se deslocará cada vez mais rapidamente. Ganhará o que os físicos chamam de energia cinética, ou energia de movimento. Mas essa energia cinética não pode ser criada a partir do nada; tem de provir de algum outro lugar. O cometa só pode ganhar energia cinética de uma maneira: abrindo mão de igual quantidade de energia gravitacional. Se essa quantidade já era inicialmente próxima de zero, segue-se que vai se tornar cada vez mais negativa à medida que o cometa chegar mais perto do Sol.

Podemos também considerar o processo inverso. Suponha que quiséssemos enviar uma sonda espacial a um outro sistema estelar. Seria necessário gastar energia para enviar a sonda para fora do sistema solar. Como a energia gravitacional está próxima de zero quando a sonda está muito distante do Sol, energia gravitacional negativa tinha que estar presente no início.

Qualquer par de corpos astronômicos, sejam eles luas, planetas, sistemas estelares, galáxias ou aglomerados de galáxias, possui energia negativa. Se estão muito afastados, experimentam pouca ou nenhuma atração gravitacional e a energia gravitacional é essencialmente zero. Mas se estão próximos o suficiente para se atrair um ao outro, essa energia é negativa. A quantidade total de energia negativa deve portanto ser enorme. Não podemos deixar de lado a atração mútua de galáxias que estão a milhões ou bilhões de anos-luz de distância. É essa atração, em última análise, que está retardando a expansão do universo.

ALGO SURGIDO DO NADA

A idéia de que nosso universo poderia ter surgido do nada foi proposta pela primeira vez pelo físico americano Edward Tryon em 1969. Assinalando que o conteúdo total de matéria-energia do universo poderia na realidade ser zero, Tryon sugeriu que as leis da física não seriam violadas se o universo tivesse vindo de lugar nenhum. Desde que ele publicou sua idéia, apareceram muitas variações em torno dela. Segundo uma teoria, proposta por quatro físicos belgas, o universo poderia ter tido início com a criação de um único par partícula-antipartícula. Segundo outra, sugerida por Heinz Pagels e David Atkatz, físicos da Universidade Rockefeller, o universo poderia ter tido originalmente um grande número de dimensões espaciais e nenhuma matéria. O *big bang* poderia ter começado quando o universo se "cristalizou" subitamente em sua forma atual. Em outras palavras, um evento espontâneo que provocou uma mudança repentina no número de dimensões do espaço poderia ter criado nosso universo. Embora pareçam diferentes, essas hipóteses se assemelham por partirem ambas do pressuposto de que houve algum evento que conduziu ao *big bang*. Tal evento poderia ter sido uma ocorrência totalmente aleatória governada unicamente pelas leis da mecânica quântica. Ou, como Tryon o formulou, nosso universo pode ser "simplesmente uma dessa coisas que acontecem de vez em quando".

A idéia da criação a partir do nada foi desenvolvida em grande detalhe por Alexander Vilenkin, físico da Universidade Tufts. Ele diz que a criação do universo poderia ter sido semelhante à de partículas virtuais. Flutuações quânticas poderiam provocar o surgimento de bolhas de espaço-tempo. Muitas delas desapareceriam imediatamente após serem formadas, mas algumas bolhas em expansão seriam absorvidas em expansões inflacionárias. Se isso acontecesse, um universo plenamente desenvolvido emergiria.

Se a teoria de Vilenkin estiver correta, teríamos de modificar a observação de Tryon e dizer que a criação de novos universos é uma coisa que acontece *o tempo todo*. Aliás, ela abre a possibilidade de uma civilização extremamente avançada ser capaz de criar universos artificialmente. Não fica claro por que isso se faria, já que poderia ser impossível observá-los, mas a criação de um universo seria certamente uma tarefa mais fácil que a construção das máquinas do tempo descritas por Kip Thorne e seus alunos. A criação de uma bolha submicroscópica de espaço-tempo soa mais simples que, digamos, encontrar um buraco de minhoca igualmente submicroscópico, ampliá-lo para lhe dar dimensões macroscópicas e escorá-lo contra desmoronamento. Afinal de contas, encontrar um buraco de minhoca pequeno demais para ser visto não parece tarefa fácil. Com alguma irreverência, poderíamos sugerir que nosso universo poderia até ser o resultado de um canhestro experimento de laboratório de física realizado pelo equivalente de outro mundo de um aluno de segundo ano de faculdade.

Se há muitos outros universos, talvez uma infinidade deles, então onde estão? Só se pode responder a uma pergunta como esta dizendo: "Em todo lugar e em lugar nenhum." Nosso universo não tem limites, e não há nada "fora" dele. Lembre-se de que nem um universo fechado, finito, tem limites. Se existem outros universos, eles não existem no tempo e no espaço, pelo menos não em nossos tempo e espaço. Seriam universos "alternativos" em todos os sentidos da palavra.

Ninguém sabe realmente se algum dos cenários para a criação do universo que descrevi tem alguma probabilidade de ser verdadeiro. Um universo recém-criado teria quase certamente um tamanho de 10^{-33} centímetros ou menos. Os físicos de hoje não têm meios de descrever eventos que ocorrem em tal nível. Devo enfatizar mais uma vez que os cientistas não sabem se as noções de espaço e tempo continuam tendo sentido em dimensões tão pequenas. Até que se encontre uma teoria da gravidade quântica, não será possível fazer nem mesmo conjeturas fundamentadas sobre os processos que têm lugar no micro-

micromundo. Tudo que se pode dizer é que as teorias que foram desenvolvidas não são contestadas por nada que a ciência conheça. Mas isso pode ser mera conseqüência do fato de que, em algumas áreas, os cientistas não sabem lá grande coisa.

ETERNA INFLAÇÃO

A idéia básica subjacente à teoria do universo inflacionário é simples. A teoria dominante no campo da física das partículas prevê a existência de muitos tipos diferentes de partículas ainda não descobertas. A razão por que não foram vistas é que os aceleradores de partículas existentes ainda não são suficientemente potentes para permitir aos cientistas procurá-las.[1] Se essas partículas existem, os campos quânticos a elas associados terão produzido imensas densidades de energia, que terão causado inflação nos primórdios do universo. Depois, à medida que o universo se expandiu, os campos se tornaram menos intensos e a inflação logo se deteve.

No entanto, segundo o físico russo-americano Andrei Linde, é insensato supor que ocorreu uma única expansão inflacionária. Flutuações quânticas no universo primitivo teriam causado variações na intensidade dos campos quânticos. Em algumas regiões do espaço, os campos teriam se acumulado uns sobre os outros, produzindo intensidade de campo suficiente para desencadear expansões inflacionárias. Em outras regiões, os campos teriam sido relativamente fracos. Assim, em alguns lugares ocorreria expansão inflacionária enquanto outras regiões do universo permaneceriam muito pequenas. Se esse quadro for exato, nosso universo consistiria em um grande número de domínios muito diferentes entre si.

Se a teoria da "inflação caótica" de Linde for correta, é improvável que venhamos jamais a observar outros domínios do universo. A expansão inflacionária de nosso domínio o teria tornando muito maior que o universo observável (lembre-se de que não podemos ver nada a mais de 15 bilhões de anos-luz num universo de 15 bilhões de anos de idade). E, se for assim, nem nós nem nossos descendentes seremos jamais capazes de observar o limite de um domínio.

---

1 Entre as motivações por trás do abandonado projeto do Superconducting Supercollider estava a crença de que as energias geradas nesse imenso acelerador de partículas seriam suficientes para produzir uma dessas partículas, a chamada partícula de Higgs.

Se não contivesse nada além disto, a teoria de Linde não seria muito interessante. Afinal, pelo que vimos, ela praticamente nos diz apenas que pode haver no universo partes diferentes de nossa região, mas elas estão distantes demais para serem vistas. A idéia da inflação caótica, contudo, é apenas o início da teoria de Linde. Como ele assinala, se essa idéia for correta, os universos devem ser capazes de se reproduzir a si mesmos. Deve haver no interior do nosso universo regiões em que flutuações microscópicas que formam campos quânticos tornem-se fortes o suficiente para criar novas expansões inflacionárias em pequenas bolhas de espaço-tempo. Essas regiões seriam raras, mas existiriam. E se uma nova expansão inflacionária se iniciasse, um novo universo seria criado. Iria "brotar" do nosso, criando uma nova região do espaço-tempo para si. Observe que esse processo não é o mesmo postulado por Vilenkin, em que um universo é criado no nada. Linde está falando sobre a criação de novos universos dentro de um já existente.

Linde chama esse processo de "eterna inflação" por ser algo que pode acontecer vezes sem conta. Se novas bolhas inflacionárias podem ser criadas em nosso universo, essas bolhas vão depois se converter em universos que terão seus próprios rebentos. Não há tampouco nenhuma razão para se pensar que nosso universo foi o primeiro a ser criado. Segundo Linde, é provável que universos tenham existido eternamente e que incontáveis expansões inflacionárias já tenham ocorrido.

Não podemos supor que os outros universos seriam muito parecidos com o nosso. Não há razão particular para acreditar que as leis da física seriam semelhantes em diferentes universos. De início, durante os períodos em que as expansões inflacionárias estavam em curso, teriam sido sempre idênticos. Mas, segundo Linde, à medida que as energias caíram, as leis da física podem ter assumido muitas diferentes formas possíveis. No tocante a isso, diz Linde, é possível que as flutuações quânticas tenham sido por vezes fortes a ponto de alterar o número de dimensões de espaço e tempo.

POR QUE NOSSO UNIVERSO É TÃO AMIGÁVEL?

À primeira vista, a teoria de Linde parece simplesmente extravagante. Se ela estiver correta, existe um número inimaginavelmente grande — possivelmente infinito — de universos, de todas as modalidades possíveis. Na maioria deles, as leis físicas poderiam ser diversas das que observamos. Muitos universos, ou a maior parte deles, poderiam ter uma dimensionalidade diferente, e em alguns a dimensão do tempo poderia não existir em absoluto. Poderia semelhante representação ser correta?

Talvez nunca venhamos a ter resposta para essa pergunta. É certo, porém, que a teoria de Linde resolve um problema difícil, a saber, por que nosso universo é tão propício à vida. O fato da vida ser possível parece depender de toda uma série de coincidências improváveis. Se as leis da física fossem apenas ligeiramente diferentes do que são, a vida poderia jamais ter se desenvolvido.

Por exemplo, no nosso universo os nêutrons são cerca de um décimo mais pesados que os prótons. Em conseqüência, um nêutron livre se desintegrará espontaneamente em um próton e um elétron. Se o próton fosse a partícula mais pesada, porém, nenhuma lei fundamental da física seria violada. Um nêutron não é uma partícula compósita que contém um próton e um elétron; estes últimos são criados no processo de decaimento. Os nêutrons podem se transformar em prótons e elétrons porque há massa adicional disponível.

Se o próton fosse a partícula mais pesada, no entanto, os nêutrons seriam estáveis e os prótons é que se desintegrariam. Prótons livres seriam transformados em nêutrons e pósitrons. Os pósitrons assim criados acabariam por ser destruídos ao se chocar com elétrons. Nesse caso, o universo não conteria quase nada além de nêutrons e raios gama criados pela mútua destruição de prótons e elétrons.

Para que a vida tenha uma chance de se desenvolver, as quatro forças — forte, fraca, eletromagnética e gravitacional — têm de estar precisamente equilibradas. Por exemplo, se a gravidade fosse mais fraca, não teria levado as nuvens primordiais de hidrogênio e gás hélio que preencheram o jovem universo a se condensarem como estrelas. Mais ainda, o efeito de freamento que a gravidade exerceu sobre a expansão do universo teria sido menor, de tal modo que as nuvens de gás teriam se dispersado rapidamente. Por outro lado, se tivesse sido mais forte, a gravidade poderia ter levado o universo a desmoronar num *big crunch* antes que a vida tivesse tido a oportunidade de se desenvolver. Ou, se não tivesse conseguido fazer isso, uma força da gravidade aumentada teria ao menos facilitado o colapso de estrelas em estrelas de nêutrons e buracos negros. É fácil imaginar um universo em que estrelas têm esse destino antes que a vida tenha uma chance de medrar em qualquer dos planetas que as circundam.

Se a força eletromagnética, que mantém átomos e moléculas coesos, fosse fraca demais, sólidos e líquidos não existiriam. O universo não conteria nada senão gás. Se fosse forte demais, os resultados seriam igualmente catastróficos. A forte repulsão entre os prótons iria fazer com que os núcleos de muitos elementos comuns fossem menos estáveis. Alguns dos elementos muito comuns seriam radioativos. É pouco provável que a vida pudesse existir na Terra se o oxigênio fosse radioativo e o ferro um material físsil.

Não é apenas a intensidade intrínseca que é importante nas forças da natureza; elas devem também existir nas proporções corretas. O exemplo que acabo de dar ilustra isso. Se a força de repulsão elétrica e a força forte que mantém os núcleos atômicos coesos não estiverem delicadamente equilibradas, ou os núcleos atômicos se romperão com demasiada facilidade ou núcleos complexos nunca chegarão a se formar. Por exemplo, se a repulsão entre prótons fosse mais forte, não existiria coisa alguma além de hidrogênio. Em tais circunstâncias, a força forte seria capaz de ligar um próton e um nêutron. Assim que um segundo próton fosse acrescentado, porém, a mistura se tornaria instável. Nem mesmo o hélio, o segundo elemento mais leve, poderia ser criado.

É fácil imaginar universos em que as várias forças sejam apenas ligeiramente mais fortes ou mais fracas do que são no nosso. Examinando as propriedades desses universos hipotéticos, descobrimos que, na maioria dos casos, não poderiam conter vida. Não haveria meios para o desenvolvimento de estruturas da complexidade necessária. Verifica-se que alguns desses universos hipotéticos seriam 100% compostos de hidrogênio ou 100% compostos de hélio. Em alguns, as estrelas rebentam em catastróficas explosões quase no mesmo instante em que são criadas. Em outros, as estrelas simplesmente jamais se formam. Alguns não contêm senão gás; em outros, nem hidrogênio e gás hélio podem se formar. Alguns estão repletos de intensa radiação. Em outros, as estrelas desmoronam repetidamente em buracos negros, e tudo se torna frio e escuro.

Uma observação semelhante pode ser feita sobre a dimensionalidade do espaço. É improvável que a vida tivesse jamais podido se desenvolver se nosso universo não possuísse exatamente três dimensões espaciais. Não poderia haver órbitas estáveis se o número fosse maior ou menor que esse. A estabilidade orbital é necessária para que as estrelas possuam planetas. Se houvesse mais de três dimensões, todo planeta que acaso se formasse espiralaria rumo ao Sol. Além disso, todas as estrelas numa galáxia iriam espiralar rumo ao cerne galáctico, criando um enorme buraco negro.

NÍVEIS MAIS ALTOS DE COMPLEXIDADE

Para que a vida exista, é preciso que existam muitas outras coincidências aparentemente improváveis em níveis mais altos de complexidade. Por exemplo, a criação do carbono, e de muitos elementos mais pesados que ele, parece depender da existência de certos acasos felizes. Se os núcleos desses átomos não tivessem "calhado" de ter precisamente as propriedades certas, esses elementos não existiriam, ou, na melhor das hipóteses, teriam sido criados apenas em quantidades insignificantes.

Devo fazer aqui uma digressão sobre o modo como se criam os elementos químicos. Apenas o hidrogênio, o hélio e pequenas quantidades de núcleos leves como o deutério e o lítio foram gerados no *big bang*. Todos os demais elementos foram criados pelas reações nucleares que tiveram lugar no interior das estrelas. Quando algumas dessas estrelas explodem como supernovas, substâncias comuns como oxigênio, nitrogênio, carbono e ferro se disseminam no espaço. Seria perfeitamente correto afirmar que a Terra e a maior parte dos organismos que sobre ela existem compõem-se em grande partes de resíduos cósmicos.

A criação de núcleos é um processo gradativo. Primeiro são feitos os elementos mais leves e a partir deles são criados os mais pesados. Por exemplo, se um núcleo de carbono colide com uma partícula alfa, será formado um núcleo de oxigênio. Um núcleo de carbono contém seis prótons e seis nêutrons. Se os dois prótons e dois nêutrons da partícula alfa são acrescentados, passa a haver oito prótons e oito nêutrons ao todo, e o resultado é o oxigênio. Outros elementos podem ser formados se o carbono ou o oxigênio incorporarem um ou dois prótons extraviados.

Em geral, os núcleos feitos de partículas alfa, ou os núcleos de hélio, são estáveis. O carbono e o oxigênio são dois exemplos. O núcleo de carbono, que contém 12 partículas ao todo, pode ser pensado como uma combinação de três partículas alfa. De maneira semelhante, o núcleo de oxigênio contém quatro. Por serem especialmente estáveis, esses núcleos desempenham importante papel na síntese dos elementos. Em particular, se o carbono não fosse facilmente produzido no interior das estrelas, nem ele nem elementos mais pesados existiriam em quantidades significativas. Os elementos de que a vida depende, como o nitrogênio e o oxigênio, estariam ausentes, e planetas como a Terra, que têm crostas e centros feitos de elementos pesados, não existiriam.

O GARGALO DO BERÍLIO

Uma exceção à regra de que os núcleos feitos de partículas alfa são estáveis é o elemento berílio. Como o deutério, o berílio 8, que contém quatro prótons e quatro nêutrons, fragmenta-se rapidamente. Mas o berílio é um dos elementos de que é feito o carbono. O carbono é criado quando o berílio 8 colide com uma partícula alfa. A ocorrência desse fato tem algo de milagroso. Essas colisões deveriam simplesmente romper o núcleo de berílio, embora se isso acontecesse, é claro, os elementos mais pesados não poderiam ser sintetizados e nós não existiríamos para nos espantar com isso.

Se estamos aqui, é porque a natureza interveio para desobstruir o gargalo do berílio. Para compreender esse processo você precisa saber um pouco de física nuclear. Os conceitos envolvidos são relativamente simples.

No Capítulo 5, vimos que os elétrons contidos nos átomos tinham vários níveis discretos de energia e que um salto quântico entre dois níveis causava a emissão ou a absorção de um fóton de luz. Em conseqüência, um átomo só pode emitir luz de certos comprimentos de onda específicos. Cada comprimento de onda corresponde a uma energia fotônica diferente, e essa energia tem de ser exatamente igual à diferença entre dois estados de energia. Por exemplo, quando se faz uma corrente elétrica atravessar um gás, ele começará a incandescer. Se fizermos a luz emitida passar através de um prisma e a examinarmos em detalhes, veremos que ela é composta de uma série de "linhas" espectrais discretas. Na maior parte dos comprimentos de onda, nenhuma luz é emitida.

Os núcleos também têm níveis de energia. Naturalmente, estes nada têm a ver com a emissão de luz. Mas podem determinar se uma certa reação nuclear terá lugar. Ora, acontece que o núcleo de carbono tem um nível de energia do tamanho exato para absorver a energia de colisão típica entre uma partícula alfa e um núcleo de berílio. Assim, em vez de despedaçar o núcleo de berílio, a partícula alfa será absorvida e um núcleo de carbono será formado.

Em 1954, o astrônomo Fred Hoyle mostrou que o carbono tinha de ter certo nível de energia para que os elementos mais pesados pudessem ser sintetizados em estrelas. Na época, ninguém levou essa idéia muito a sério, especialmente os físicos nucleares, habituados que estavam a ver astrônomos se intrometendo em seu campo. Mas quando alguns físicos finalmente procuraram o nível na esperança de fazer Hoyle calar a boca, descobriram-no exatamente no lugar que ele previra. Finalmente os cientistas se deram conta de que a única razão por que existe vida no universo é que, por força de algum fator, um dos níveis de energia do núcleo de carbono tornou-se realmente muito bem regulado.

AS CURIOSAS PROPRIEDADES DA ÁGUA

Passando para um nível de complexidade ainda mais alto, vemos que as leis da natureza têm outras propriedades especiais, propriedades que são necessárias para tornar a vida — pelo menos tal como a conhecemos — possível. Por exemplo, átomos de carbono podem se ligar uns aos outros em cadeias para formar as moléculas que são a base da vida. Não fosse isso, aminoácidos e proteínas não poderiam existir. E a vida tampouco poderia existir se essas substâncias não tivessem certas propriedades químicas especiais.

A água é uma das poucas substâncias que, ao se congelar, se expandem em vez de se contrair. Se não se expandisse, os oceanos da Terra teriam se congelado há muito. Qualquer gelo que acaso se formasse afundaria. Não podendo ser derretido pelo sol, o gelo no fundo dos oceanos iria se acumular gradualmente. Além disso, esse gelo nunca se fundiria — grande parte da energia solar que é absorvida por oceanos e massas de terra na superfície do nosso planeta seria refletida, retornando ao espaço. Por fim, a Terra se converteria numa bola fria, congelada.

A água possui o chamado alto calor específico. A quantidade de calor exigida para promover qualquer elevação da sua temperatura é muito maior que para a maioria das substâncias. Isso significa que quando a temperatura num ambiente sobe ou desce, a temperatura de qualquer corpo de água mudará de modo relativamente lento. A água age portanto como uma influência estabilizadora. Sei bem disso porque moro em São Francisco. Em decorrência dos ventos oeste dominantes, o oceano refresca esta cidade no verão e a aquece no inverno. É por causa do oceano que nunca neva aqui. Numa escala mais ampla, os oceanos da Terra ajudam a moderar as temperaturas de superfície do nosso planeta. Se a água não tivesse um alto calor específico, as oscilações de temperatura sobre a Terra seriam grandes demais para ser suportadas pela maior parte dos organismo, talvez por todos.

A água tem outras propriedades sem as quais os organismos vivos dificilmente conseguiriam sobreviver. Uma delas é a capacidade de dissolver um número excepcionalmente grande de diferentes substâncias, tornando possíveis muitas das reações bioquímicas de que a vida depende. A água tem também uma alta tensão de superfície, o que é importante para o bem-estar de células biológicas. Tem um alto calor de vaporização; grande quantidade de energia é necessária para converter água líquida em vapor. Isso também tem uma influência moderadora sobre o ambiente; lagos, por exemplo, não secam do dia para a noite.

Caso existam outros universos, e caso as leis da física e da química sejam diferentes neles, a existência de formas de vida não baseadas no carbono, ou sem metabolismos que exijam água para funcionar, seria verossímil. A propósito, tais formas de vida poderiam existir em algum lugar do nosso próprio universo. No entanto, deve ficar claro que, seja qual for o aspecto da vida, seja onde for que possa ser encontrada, sua existência continuaria dependendo da presença de condições muito especiais. Se fosse baseada em outra coisa que não a água, a vida ainda precisaria muito provavelmente de usar alguma substância (que talvez nem exista em nosso universo) com propriedades igualmente incomuns. Como o exemplo da água indica, a evolução e a continuação da vida exigem ambientes dotados de propriedades singulares.

TERÁ DEUS ESTRUTURADO AS LEIS FÍSICAS DE NOSSO UNIVERSO DE UMA MANEIRA ESPECIAL?

Durante o século XIX, o chamado argumento fundado no plano foi muito difundido. Naquela época, era chique ver a mão de Deus nas maravilhas da natureza e na diversidade das formas de vida em nosso planeta. Segundo o argumento fundado no plano, o fato de tudo ser tão intricadamente projetado era prova de que Deus existia. Hoje esse argumento está fora de moda. Sabemos, em linhas gerais, como a Terra e as criaturas vivas se desenvolveram e não sentimos nenhuma necessidade de concluir que a intervenção divina esteve envolvida. Não podemos, contudo, deixar de lembrar o argumento fundado no plano quando consideramos todas as coincidências improváveis de que a vida depende. De fato, para quem acredita na existência de Deus, é tentador citar essas coincidências como prova.

Acredito que é melhor manter Deus fora de discussões científicas. No entanto, quando falamos das condições necessárias à vida e à possível existência de um número infinito de universos, já nos aventuramos tanto no reino da metafísica que questões religiosas brotam bastante naturalmente. Não pretendo tomar partido no tocante a tais questões, mas não vejo razão para não discutir quais poderiam ser as implicações de tais idéias tanto para o crente quanto para o ímpio. Veremos, de modo um tanto surpreendente, que elas são na verdade muito similares.

Caso você seja ateu, o caráter especial de nosso universo parece conduzir naturalmente à conclusão de que existem de fato muitos universos, ou talvez um número infinito deles, com leis físicas diferentes. Se é assim, o caráter de nosso universo deixa de ser surpreendente. A vida só medraria em uns poucos universos, muito especiais. A vasta maioria seria provavelmente sem vida. Em outras palavras, nosso universo tem um caráter especial porque, se assim não fosse, não estaríamos aqui para pensar sobre ele.

Se você acredita em Deus, as possibilidades aumentam. Nosso universo pode realmente ter sido criado para ser propício à vida, mas disso não se segue que não existam outros universos. De fato, você poderia exumar o argumento de Bruno sobre a necessidade de um número infinito de mundos e dizer que um Deus infinito criaria naturalmente um número infinito de universos. Eu não ousaria comentar a validade desse argumento. Mas pelo menos hoje em dia você pode propô-lo sem correr o risco de morrer na fogueira.

Assim, talvez as questões sobre Deus desapareçam no fim. Quer Ele exista ou não, continuamos tendo boas razões para acreditar na possível existência de um numero infinito de universos.

COSMOLOGIA QUÂNTICA

Acho que a maioria dos cientistas concordará comigo quando digo que a mecânica quântica é a teoria de maior sucesso jamais produzida no campo da física. Como assinalei antes, praticamente toda a física moderna se funda nela, e as previsões da mecânica quântica são confirmadas em experimentos realizados diariamente em laboratórios do mundo inteiro.

Uma vez que a mecânica quântica é *a* teoria básica da física moderna, não deveríamos hesitar em aplicá-la ao próprio universo. De fato, é nesta premissa que se baseia o campo relativamente novo da cosmologia quântica. Os cosmólogos quânticos procuram compreender quais poderiam ter sido as condições iniciais do universo e usar essas condições iniciais para deduzir as propriedades do universo atual. Se um modelo teórico consegue realmente produzir um universo que se assemelha ao nosso, isso é interpretado como indicação de que os pressupostos iniciais têm uma razoável chance de estar corretos.

Já nos deparamos com um exemplo de cosmologia quântica, a teoria Hawking-Hartle do tempo imaginário. Segundo ela, o fato de que um universo surgido no tempo imaginário teria se desenvolvido num universo semelhante a este que conhecemos torna a proposta do tempo imaginário plausível, ainda que não prove realmente que a idéia é correta.

Embora tenha sido uma teoria imensamente bem-sucedida, a mecânica quântica é também uma teoria estranha. Niels Bohr observou certa vez que qualquer pessoa que não fique perturbada com ela de fato não a compreendeu. Richard Feynman negava até esta última possibilidade. Caracterizou a mecânica quântica como a teoria que "ninguém compreende". Diante disso, saiba que a cosmologia quântica vai produzir idéias que de início parecem estranhas. Mais uma vez, o conceito de tempo imaginário é um bom exemplo.

A mecânica quântica é uma teoria de probabilidades. Dei um exemplo disso no Capítulo 5 ao discutir os níveis de energia num átomo de hidrogênio. Havendo um número infinito de tais níveis, podemos falar apenas da probabilidade de um elétron ocupar qualquer estado dado. Em certo sentido, ele está em todos os níveis de energia ao mesmo tempo. Pelo menos isso é o que ocorre até que um aparelho experimental interaja com o átomo, levando-o a fazer alguma coisa.

Quando a mecânica quântica é aplicada ao universo, é necessário considerar um conjunto infinito de universos possíveis a que diferentes probabilidades podem ser atribuídas. Como os níveis de energia num átomo, em certo sentido todos esses universos existem simultaneamente. Em contraste com os universos da teoria da inflação caótica de Linde, estes universos seriam em sua maior parte bastante semelhantes entre si. Um dado conjunto de condições iniciais produzirá universos que diferem somente em pequenos detalhes, como a distribuição das estrelas ou, como Stephen Hawking sugeriu, na presença ou ausência da fotografia da Madonna na capa do último número da *Cosmopolitan*.

Hawking fala de diferentes "histórias" do universo. Como a expressão tempo imaginário, ele usa a palavra *história* aqui num sentido técnico. História é uma referência a uma interpretação da mecânica quântica desenvolvida por Richard Feynman. Mas não precisamos nos preocupar com detalhes. Quer se fale de universo ou de histórias, a questão principal é que, se as idéias da cosmologia quântica estiverem corretas, realidades alternativas coexistem com a nossa. Ou, como diz Stephen Hawking em seu *Buracos negros, universos-bebês*: "Por acaso vivemos numa história particular que tem certas propriedades e detalhes. Mas há seres inteligentes muito semelhantes a nós que vivem em histórias que diferem quanto a quem ganhou a guerra [refere-se à Segunda Guerra Mundial] e quem está em primeiro lugar na parada de sucessos."

Existem outros universos quânticos? Se existem, poderiam os habitantes de um se comunicar com os de outro? Ninguém sabe. Diz o físico Murray Gell-Mann: "Essa questão fascinante ... somente agora está recebendo suficiente atenção dos teóricos da mecânica quântica para ser devidamente estudada." O que se constata é que poderia existir não apenas uma infinidade de universos, mas uma infinidade de uma infinidade deles. Se a inflação caótica de Linde e a concepção de diferentes histórias do universo dos cosmólogos têm alguma validade, o número de universos poderia ser infinito de várias maneiras diferentes.

A CONSTANTE COSMOLÓGICA

Como vimos, se existem outros universos, o problema de por que o nosso é tão propício à vida fica resolvido. A noção de outros universos pode responder igualmente a algumas outras indagações intrigantes; por exemplo, por que a constante cosmológica de Einstein seria tão próxima de zero?

Como discutimos no Capítulo 9, Einstein acabou por considerar a introdução de uma constante cosmológica uma tolice. Os cientistas contemporâneos não têm tanta certeza disso. As soluções mais gerais para as equações da relatividade geral incluem a constante. Sabemos que houve de fato uma grande constante cosmológica durante o período de expansão inflacionária, quando havia forças repulsoras fortes.

Hoje, a constante cosmológica é zero ou tão próxima de zero que não pode ser medida. De outra maneira, as forças associadas à constante afetariam os movimentos de galáxias distantes, um efeito que não foi observado. A razão por que isso ocorre não é óbvia, já que cálculos teóricos indicam que a constante deveria ser bastante grande. Há uma enorme discrepância entre teoria e observação. Cálculos indicam que a constante deveria ser 10^{120} vezes maior que o máximo compatível com os dados astronômicos.

Não se esqueça: "espaço" vazio é coisa que não existe. Partículas virtuais estão sendo constantemente criadas e destruídas em toda parte. O vazio é preenchido pelos campos quânticos associados a essas partículas. Além disso, há energia, que pode ser calculada, associada a toda essa atividade. Quando esse cálculo é efetuado, a energia própria do vazio revela-se enorme. Como massa e energia são equivalentes, essa energia deveria dar origem a forças gravitacionais enormes. Essas forças não variariam com a distância; ao contrário, seriam iguais em toda parte. Em outras palavras, haveria uma constante cosmológica.

Quando concebeu a constante cosmológica, Einstein a associou a forças repulsoras. A constante, contudo, pode ser tanto positiva quanto negativa, e as forças a ela associadas podem ser tanto atrativas quanto repulsoras. As forças associadas às flutuações quânticas no vazio deveriam ser tão imensas que o universo nunca deveria ser capaz de se expandir senão em dimensões microscópicas. Poderíamos dizer que a teoria científica aceita prevê que as dimensões do universo deveriam ser muito menores que as de um núcleo atômico.

Em 1988, o físico Sidney Coleman, de Harvard, publicou um artigo intitulado "Why there is nothing rather than something" em que mostrou que se buracos de minhoca microscópicos ligassem nosso universo a um número infinito de outros universos, seria verossímil que as partículas pudessem atravessar os buracos de minhoca durante sua breve existência. Coleman calculou que o efeito disso seria exatamente o de anular a constante cosmológica em nosso universo.

Os resultados obtidos por Coleman geraram grande alvoroço na comunidade dos físicos teóricos. Ele encontrara o primeiro indício real de que pode haver outros universos. Sem dúvida, não estabelecera sua realidade acima de qualquer dúvida. Afinal, usara um indício de natureza altamente teórica. Mas mostrara que o pressuposto de que outros universos são reais poderia levar a uma solução para um dos mais enigmáticos problemas da física teórica.

POR QUE UM PRÓTON É TÃO PESADO E UM ELÉTRON TÃO LEVE?

Um próton pesa 1.836 vezes mais que um elétron. Por quê? Por que prótons e elétrons possuem cargas elétricas de determinado tamanho e não de um outro? Em geral, por que as partículas subatômicas têm as propriedades que têm?

Se você tivesse feito essas perguntas a um físico em, digamos, 1970, muito provavelmente ele lhe teria dito algo mais ou menos deste teor: "As coisas simplesmente são assim." Os físicos da década de 1990 encaram as coisas de outra maneira. Acreditam que não se terá alcançado uma explanação completa do mundo subatômico até que se saiba *por que* as partículas têm as cargas, as massas e outras propriedades particulares que nelas se observam.

Um dos atrativos da teoria das supercordas é a crença de que, caso uma versão bem-sucedida seja encontrada, ela poderia realmente fornecer explicações para essas coisas. Pode ser, porém, que a explicação do tamanho das cargas, massas e assim por diante venha de outra fonte que não a teoria das supercordas. Stephen Hawking diz que as partículas podem adquirir certas propriedades porque estão constantemente se deslocando para outros universos através de buracos de minhoca. Ele observa que se as partículas forem capazes de desaparecer em buracos de minhoca e emergir deles, suas massas serão maiores do que se permanecerem sempre no mesmo universo. Ademais, haveria efeitos semelhantes sobre a carga das partículas.

Buracos de minhoca microscópicos, se existem, não podem ser vistos. Assim, um elétron que se deslocasse para outro universo por um buraco de minhoca, pareceria desaparecer subitamente. Mais uma vez, isto é algo que não se observa. Elétrons simplesmente não somem de repente. Mas isto não desmente a teoria de Hawking, que é uma teoria de troca de partículas. Segundo ela, quando um elétron deixa nosso universo, um segundo elétron emerge do buraco de minhoca. Nenhum dos dois universos ganha ou perde um elétron, simplesmente trocam partículas entre si.

Cada elétron é idêntico a todos os demais. Todos têm igual carga e igual massa. Assim, a troca pelo buraco de minhoca é um processo que não pode ser diretamente observado. No que nos diz respeito, havia um elétron ali um momento atrás e ele continua ali agora. Não há meio de saber se é o mesmo ou um diferente. No entanto, se fossem efetuados cálculos que dessem os valores corretos para as propriedades dos elétrons, como massa e carga, teríamos um indício real da existência de buracos de minhoca e de outros universos.

Enquanto escrevo isto, esses cálculos ainda não foram realizados com sucesso. Tudo que posso dizer é que é possível conjeturar que as partículas poderiam adquirir cargas e massas desse modo. Naturalmente, há outras probabilidades. Por exemplo, se as leis da física variam de universo para universo, a carga e a massa das partículas poderiam ser fruto do acaso. Seria possível que em alguns universos o próton pesasse 1.836 vezes mais que um elétron e em outros cinco vezes mais. Por outro lado, pode ser que a mecânica quântica e teorias das partículas ainda por desenvolver venham a nos revelar que alguns valores de carga e massa são mais prováveis que outros. Enquanto escrevo, a especulação sobre essas questões mal se iniciou. Em conseqüência, não é possível fazer muito mais que citar as diferentes possibilidades.

UMA INFINIDADE DE UNIVERSOS

Não faz assim tanto tempo que a concepção de realidades alternativas era encontrada apenas na ficção científica. Hoje, a idéia da existência de uma infinidade de outros universos, alguns dos quais podem ser muito diferentes do nosso, é um ingrediente do pensamento científico respeitável. Como vimos, ninguém sabe se tais universos realmente existem, mas a suposição de sua existência nos permite lidar com problemas que de outro modo parecem intratáveis. Se houver outros universos, o fato da existência da vida parecer depender de tantas coincidências improváveis torna-se menos enigmático. Se houver outros universos, isso pode explicar por que a constante cosmológica é tão pequena. E se houver outros universos poderemos finalmente descobrir por que as partículas atômicas têm certas propriedades. Os cientistas poderão até descobrir por que as leis da física que vêm estudando há muitos séculos têm o caráter particular que têm.

11

∞

O símbolo matemático ∞ representa, é claro, a infinidade. É a imagem de uma curva matemática chamada lemniscata e foi usado pela primeira vez para simbolizar a infinidade em 1656, em *Arithmetic Infinitorum* de John Wallis. O uso se difundiu rapidamente e hoje o símbolo é universalmente usado por cientistas e matemáticos.

A palavra grega para infinidade era *apeiron*, que significa "sem limites". No mundo da Grécia antiga, o termo assumia freqüentemente conotações negativas. *Apeiron* podia significar, por exemplo, "completamente desordenado"; podia ser usado para caracterizar o caos a partir do qual o mundo foi formado, ou uma linha torta. Segundo Aristóteles, ser infinito era "uma privação, não uma perfeição". No seu mundo, como nos mundos de seus predecessores Pitágoras e Platão, não havia lugar para a infinidade.

Aristóteles tinha consciência de que muitas coisas no mundo pareciam infinitas. Espaço e tempo podiam continuar para sempre e uma linha podia ser composta de um número infinito de pontos. Para evitar a desordem que ele associava à idéia, Aristóteles negou a existência do verdadeiro infinito. Desenvolveu uma teoria do potencialmente infinito e negou a existência de um vazio infinito fora das esferas celestes.

Aristóteles e seu predecessor Zenão concordavam que a infinidade podia ser uma questão problemática. Foi Zenão quem primeiro pôs a nu essa natureza problemática. Acreditava que, ao fazê-lo, podia mostrar que o mundo cotidiano do senso comum não era a verdadeira realidade. Hoje, poucas pessoas aceitariam a doutrina de Parmênides, o mestre de Zenão, segundo a qual o mundo é uma unidade imutável, mas os paradoxos criados por Zenão ainda nos fascinam. Filósofos contemporâneos desenvolveram as idéias de Zenão, criando seus próprios paradoxos. Um dos mais simples diz respeito a uma lâmpada que é ligada e desligada um número infinito de vezes. Como nos paradoxos de Zenão, isso envolve a execução de um número infinito de ações. A lógica nos diz que ela estará tanto ligada quanto desligada em seu estado final. Se a lâmpada for ligada e depois desligada um número infinito de vezes, estará desligada no fim. Mas se for ligada e depois alternadamente desligada e ligada um número infinito de vezes, o estado final será ligada. Isso pode ser representado pela série matemática:

$$1 - 1 + 1 - 1 + 1 - 1 + \ldots$$

Esta série parece ter duas somas diferentes segundo o modo como agrupamos os números. Pode ser

$$(1 - 1) + (1 - 1) + (1 - 1) + \ldots$$

que é igual a zero, ou

$$1 + (-1 + 1) + (-1 + 1) + (-1 + 1) + \ldots$$

que é igual a 1. Séries como estas não apresentam nenhum problema em matemática. Os matemáticos as chamam de séries divergentes e negam que tenham quaisquer somas reais.[1] No mundo real, porém, parece produzir-se um paradoxo se o ato de ligar a lâmpada for representado pelo número " 1" e o ato de desligá-la pelo número "– 1". É possível demonstrar que, no final, a lâmpada está tanto no estado 1 (ligada) quanto no estado 0 (desligada).

Para os antigos filósofos estóicos, a infinidade não apresentava problema algum quando vista de maneira acrítica. Os estóicos acreditavam que o mundo era cercado por um vazio infinito e que o tempo se repetia interminavelmente numa série infinita de ciclos. Não lhes ocorria perguntar por que o mundo ocupava determinada posição no vazio, e não outra. Se o fizessem, poderiam ter compreendido que não tem sentido falar de "posição" em semelhante contexto. Afinal, se

---

1 As séries não precisam ter somas ambíguas para ser classificadas como divergentes. Dois outros exemplos de séries divergentes são $1 + 2 + 3 + 4 + \ldots$ e $1 + 1/2 + 1/3 + 1/4 + \ldots$ Estas duas séries aumentam sem limite; em outras palavras, tornam-se infinitas. A primeira série, é claro, cresce muito mais rapidamente que a segunda.

houvesse um vazio e se o mundo fosse deslocado certa distância da sua posição atual, nada teria mudado. Uma infinidade de espaço vazio continuaria a cercá-lo. Não perguntavam como o tempo cíclico começou, ou como era possível que já tivesse ocorrido um número infinito de ciclos. Se o fizessem, poderiam ter compreendido que a infinidade não era uma idéia tão simples quanto supunham.

Galileu percebeu que havia algo de desconcertante na idéia de um universo infinito. Seus sucessores acharam fácil contemplar essa idéia porque não se dedicaram a refletir sobre suas implicações. Como aparentemente nunca havia pensado muito sobre o infinitamente grande, Newton incidiu em erro quando tentou somar todas as forças gravitacionais — um número infinito delas — que atuariam sobre uma estrela individual. Equivocadamente, pensou que podia mostrar que elas iriam se equilibrar umas às outras, e que um universo infinito seria estável. Newton refletiu sobre o infinitamente pequeno, mas se viu frustrado.

Os infinitésimos de Newton apresentaram problemas matemáticos e eles acabaram por ser resolvidos. Em matemática, problemas associados à infinidade são geralmente tratáveis, por mais difícil que possam parecer de início. Em física, por outro lado, o aparecimento de quantidades infinitas numa teoria é geralmente um sinal de que alguma coisa está terrivelmente errada. Como a física moderna tenta investigar tão profundamente a natureza da realidade, os cientistas foram obrigados a enfrentar o infinito em muitas ocasiões diferentes. Em alguns casos, tiveram um sucesso apenas parcial. Por exemplo, a teoria conhecida como eletrodinâmica quântica é extraordinariamente bem-sucedida, mas ninguém sabe se a QED é matematicamente coerente. A QED concebe o elétron como uma partícula pontual. Como a carga do elétron é vista como estando concentrada num ponto matemático, resulta que o elétron "nu" tem uma carga infinita e uma massa infinita que são ocultadas de nossa visão por números infinitos de partículas virtuais. Essa extravagante representação do elétron é aceita porque as conseqüências de se atribuir um tamanho finito à partícula são ainda piores. Quando se fizeram os primeiros cálculos usando a QED, as quantidades que os físicos estavam tentando encontrar revelaram-se infinitas. Diante disso, os físicos "subtraem" as infinidades lançando mão do procedimento chamado renormalização. A renormalização, no entanto, é um procedimento matematicamente questionável. Temos assim uma situação em que a ciência usa técnicas matemáticas duvidosas na QED e em teorias como a cromodinâmica quântica

(QCD) que são modeladas por ela, o que certamente suscita questões sobre até que ponto os componentes fundamentais da natureza estão compreendidos. Muitos físicos teóricos têm a esperança de que a teoria das supercordas resolverá finalmente os problemas, embora essa teoria tenha sido objeto de intenso debate. Alguns cientistas pensam que ela acabará por conduzir a física para uma espécie de nirvana teórico, enquanto outros acreditam que acabará provando ser um beco sem saída.

As dificuldades enfrentadas pelos físicos atuais nos mostram que o infinito continua sendo tão misterioso quanto no tempo de Zenão. A meu ver, as infinidades encontradas nos campos da astrofísica e da cosmologia são as mais fascinantes. A acreditar no que diz a teoria geral da relatividade de Einstein, a matéria está comprimida numa densidade infinita no interior dos buracos negros. É consenso que a teoria de Einstein perderá a validade antes que esse ponto seja atingido. Mas isso significa apenas que a verdadeira natureza de uma singularidade do buraco negro é desconhecida. Ninguém sabe ao certo se uma singularidade é um lugar onde todas as leis conhecidas da física sucumbem e onde o espaço e o tempo terminam, ou se uma teoria da gravidade quântica revelaria algo de totalmente inesperado.

No momento, não existe nenhuma teoria da gravidade quântica. A gravidade é uma força mais complexa que as demais forças da natureza. Massa, energia, pressão e campos gravitacionais, todos dão origem eles próprios às forças gravitacionais. Foi demonstrado que tentativas de renormalizar uma versão quântica da relatividade geral estão fadadas ao fracasso. As infinidades encontradas são muito piores que aquelas presentes nas teorias usadas para descrever o comportamento dos elétrons, quarks e outras partículas. Como essa teoria quântica da gravidade não existe, os cientistas não sabem ao certo que caráter o espaço e o tempo poderiam ter num nível submicroscópico. O físico John Wheeler sugeriu que, na região do muito pequeno, espaço e tempo poderiam cessar de ser contínuos e poderia existir uma espécie de "espuma" quântica, que o espaço-tempo poderia estar cheio de uma multidão de pontes e buracos submicroscópicos. Outros cientistas sugeriram que os próprios conceitos de "espaço" e "tempo" poderiam cessar de ter sentido na região do muito pequeno. Assim, se a densidade da matéria e as forças gravitacionais não se tornarem infinitas no interior de buracos negros, temos todo o direito de supor que algo de extremamente esquisito deve estar acontecendo.

Em geral, os físicos vêem a infinidade como um problema que é preciso eliminar de algum modo antes de se poder fazer maior progresso. Mas, exatamente como fez Bruno em seu tempo, os cientistas que trabalham no campo da cosmologia quântica abraçaram o infinito, sugerindo que poderia realmente haver um número infinito de universos quânticos. Na mecânica quântica, freqüentemente falamos apenas de probabilidades. Assim que começamos a aplicar a teoria ao universo como um todo, nos defrontamos com um conjunto infinito de universos com diferentes probabilidades de existência.

Quando jogamos um jogo com a roleta, podemos atribuir certa probabilidade ao aparecimento de qualquer número dado. Essa probabilidade é 2,63% na roleta americana e 2,70% em cassinos como os de Monte Carlo, que usam roletas com um único zero (em contraste com as roletas americanas, que têm tanto zero quanto duplo zero). Quando a roleta é acionada, sabemos que somente uma dessas probabilidades se concretizará. De um único giro não podem resultar dois números diferentes.

A mecânica quântica, porém, vê o mundo de uma maneira diferente. Aqui, a probabilidade é o conceito fundamental e as probabilidades têm uma espécie de realidade que não possuem no mundo cotidiano. Quando se atribuem probabilidades às diferentes posições que um elétron poderia ter, devemos imaginar o elétron ocupando *todas* essas posições simultaneamente. Quando consideram o comportamento de elétrons em átomos, os físicos imaginam uma nuvem de elétrons circundando o núcleo. Da mesma maneira, se um elétron pode estar em algum número arbitrário de diferentes estados de energia, devemos dizer que ele ocupa todos eles. Estes não são meros modelos teóricos. A existência de tais probabilidades foi confirmada por experimentos, como aquele em que se induziu um único nêutron a seguir simultaneamente duas trajetórias diferentes, após o que ele foi observado interagindo consigo mesmo.

Assim, se a cosmologia quântica concebe um conjunto infinito de universos, é preciso considerar a possibilidade de realmente haver outros universos quânticos, e de muitos deles poderem ser habitados por seres muito parecidos conosco. Alguns cientistas, como Murray Gell-Mann, começaram mesmo a especular sobre isso, indagando se algum dia a comunicação com esses outros universos poderia vir a ser possível.

Temos razões também para acreditar que o número de universos pode ser infinito ainda em outro sentido. O *big bang* poderia ser algo que aconteceu não apenas uma única vez, mas um número infinito de vezes. Assim, ali onde alguns dos filósofos gregos pré-socráticos, e mais tarde Bruno, falavam de um número infinito de mundos, hoje vemos cientistas respeitados considerando a possibilidade da existência de uma infinidade — ou talvez até uma infinidade de infinidades — de universos.

Devo enfatizar que não há indícios empíricos de que esses universos realmente existem. É difícil dizer se essas idéias deveriam ser consideradas como "ciência" ou como uma espécie de especulação metafísica formulada na linguagem da física matemática. Ainda assim, a possível existência de incontáveis "universos alternativos" suscita alguns pensamentos graves. Seria possível que houvesse um número infinito de cópias de você e de mim em outros universos? Poderiam nossas duplicatas estar vivendo vidas que diferem das nossas de um número infinito de maneiras, algumas importantes, outras banais? Se universos são criados interminavelmente, significa isso que nós — ou pessoas indistinguíveis de nós — vamos viver de novo um número infinito de vezes?

Ao fazer estas perguntas, não estou me entregando à especulação. Ao contrário, estou simplesmente expondo alguns dos pensamentos que surgiram na minha mente, uma mente que se viu confrontada com o infinito, uma mente que se sente em grande sintonia com a famosa confissão de Pascal: "O silêncio eterno desses espaços infinitos me amedronta."

ÍNDICE REMISSIVO

Este livro foi composto pela TopTextos Edições Gráficas, em Times New Roman, e impresso por Hamburg Gráfica Editora, em fevereiro de 1999.